血液中のグルコース（血糖）の濃度を一定の範囲内に調
どのようなものがあるのだろうか？

（➡p.36～37）

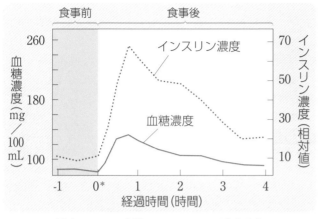

◀健康なヒトの血糖とインスリンの濃度変化▶

＊経過時間の0は，食事をした時間を示す。

健康なヒトでは，食事後に上昇した血糖濃度は，インスリンというホルモンの作用によって，やがて食事前の値まで低下するよ。

血糖濃度を一定の範囲内に調節するしくみには，他にどのようなものがあるのかな？

第 4 章　生物の多様性と生態系

陸上のすべての地域は，遷移を経て，いずれは必ず森林になるのだろうか？

（➡p.62～63）

◀西アフリカのサハラ砂漠▶

◀日本の森林▶

西アフリカには，荒原のバイオームのまま長期間維持されている地域があるよ。

森林まで遷移しない地域がみられる理由は何だと考えられるかな？

ある地域に，地域外から他の生物を持ち込むと，どのような影響があるのだろうか？

（➡p.72～73）

外来生物の一種であるオオクチバスは，魚食性が強く，魚類や昆虫を捕食するようだよ。

◀オオクチバス▶

オオクチバスのような外来生物は，移入先の生態系にどのような影響を与えているのかな？

本書の構成と利用方法

- 本書は，高等学校「生物基礎」の学習内容を37テーマに分け，書き込み形式で学習するノート形式問題集です。また，本書冒頭に **中学校の復習** を設けています。
- 「生物基礎」の学習内容をテーマごとに見開き２ページでまとめています。各テーマは，左側のページに **学習のまとめ** と **WORD TRAINING**，右側のページに，問題と **まとめてみよう** という構成になっています。
- 問題の右欄には，適宜 **ヒント** を設け，問題の解法の手がかりとなる知識を簡潔に記しています。
- 各章の最後には，その章の学習内容を総括できる章末問題を設けています。

本書の利用方法

学習のまとめ ：「生物基礎」の学習事項を，図や表も組み合わせてまとめました。空欄に語句を埋め，学習の要点を確認しましょう。

WORD TRAINING ：学習事項のなかでも特に重要な語を一問一答形式で確認することができます。

問題 ：基礎的な知識が身についているかどうか，問題を解いて確認してみましょう。

まとめてみよう ：各テーマに関連する重要な内容を，語群の語句を用いて，一文程度にまとめてみましょう。

章末問題 ：簡単な記述式の問題も扱っています。学習事項の最終チェックをしてみましょう。

★問題と章末問題の解答欄の下にチェック欄を設けました。正解できたらチェックを入れましょう。チェックできた問題の数は **セルフチェック** に記録しておきましょう。

★知識・技能を培う問題には **知識** マークを，思考力・判断力・表現力を培う問題には **思考** マークを付しています。

セルフチェック（→ p.78〜79）

学習の理解度を自分で記録することができます。 （記入例）

- 全問正解できた問題の数を記録できます。問題を解くたびに記録し，自分の得意な分野，苦手な分野を明らかにしましょう。
- それぞれのテーマでの重要な学習事項を理解できているか確認し，チェックを入れましょう。

テーマ	全問正解した問題数	セルフチェック
1 (p.4〜p.5)	**2** /3	☑顕微鏡の使い方を説明できる。 ☐ミクロメーターの使い方を説明できる。
2 (p.6〜p.7)	**3** /3	☑すべての生物にみられる共通性を3つ挙げられる。 ☑生物の共通性の由来について説明できる。

NOTE

生物にみられる共通性が，進化の過程を経て，共通祖先から受け継がれてきたということが理解できた。

- 理解できた内容や疑問に思ったことなどを自由に書き込みましょう。

学習支援サイト プラスウェブ のご案内

スマートフォンやタブレット端末などを使って， **セルフチェック** のデータをダウンロードできます。　https://dg-w.jp/b/7de0001

[注意] コンテンツの利用に際しては，一般に，通信料が発生します。

目次

Contents

写真：NPS

1

中学校の復習

学習日：　　月　　日／学習時間：　　分

生物基礎に関連する中学校の内容を復習しよう。

各問いの文章や図中の空欄に当てはまる語を答えよ。

第1章　生物の特徴

1. 脊椎動物　動物のうち，背骨をもつものを（　ア　）と呼ぶ。（　ア　）は
その特徴の共通性から，（　イ　），両生類，ハ虫類，鳥類，（　ウ　）に
なかま分けできる。陸上生活をする（　ア　）は水中生活をする（　イ　）
から（　エ　）してきたと考えられる。

2. 単細胞生物と多細胞生物　ゾウリムシなどのように，からだが1つの
細胞からできている生物を（　ア　），多数の細胞からできている生物を
（　イ　）という。

3. 細胞の構造　図中の空欄を埋めよ。

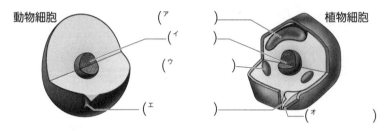

動物細胞　　　　（ア　　　）
　　　　　　　　（イ　　　）
　　　　　　　　（ウ　　　）
　　　　　　　　（エ　　　）
植物細胞
　　　　　　　　（オ　　　　）

4. 光合成と呼吸　光合成とは，植物が細胞内の葉緑体で太陽からの光エ
ネルギーを用いて，（　ア　）と（　イ　）からデンプンなどの栄養分を合
成する働きのことである。このとき，ほかに（　ウ　）を生じ，気孔から
排出される。

　ヒトの肺呼吸では，空気中から取り込んだ（　エ　）が肺胞で血液に受
け渡される。この（　エ　）を使って，栄養分から生命活動に必要なエネ
ルギーが取り出されている。このとき，水と（　オ　）ができる。

第2章　遺伝子とその働き

5. 遺伝と形質　生物にみられる色や
形などの特徴を（　ア　）という。

　右図はタマネギの根端の細胞の様
子をスケッチしたものである。図中
の（　イ　）には遺伝子の本体である
（　ウ　）が存在する。

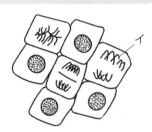

（イ

6. 生物の生殖　生殖には，分裂などによって子をつくる（　ア　）と，卵
や精子などの生殖細胞の受精によって子をつくる（　イ　）がある。生殖
細胞は（　ウ　）という特殊な分裂によってできる。（　イ　）では，子は
両方の親から半数ずつ（　エ　）を受け継ぐため，子の形質は，両方の親
の遺伝子によって決まる。一方，（　ア　）では，子は親の（　エ　）をそ
のまま受け継ぐため，子は親の（　オ　）である。

1	テーマ❷
ア	
イ	
ウ	
エ	

2	テーマ❸
ア	
イ	

3　　　　テーマ❸

図中に書き込め

4	テーマ❺
ア	
イ	
ウ	
エ	
オ	

5	テーマ❼
ア	
イ	
ウ	

6	テーマ⓬
ア	
イ	
ウ	
エ	
オ	

7. 神経の働き　図中の空欄を埋めよ。

中枢神経 ―（ア　　　）や脊髄からなる。

末しょう神経 ―（イ　　　）神経　感覚器官から中枢神経へ信号を伝える。
　　　　　　　―（ウ　　　）神経　中枢神経から運動器官へ信号を伝える。

8. 血液の循環　心臓から出た血液は，体内を循環して心臓にもどる。この血液の流れは大きく2つに分けられる。1つは，心臓から送り出されて肺を流れ，二酸化炭素と酸素を交換して心臓にもどる（　ア　），もう1つは心臓から送り出され，全身を流れて心臓にもどる（　イ　）である。

9. じん臓の働き　じん臓は，血液中から（　ア　）などの不要な物質をとり除く働きをしている。とり除かれた物質などは，（　イ　）として一時的に（　ウ　）にためられてから，体外へ排出される。

10. ヒトの血液　ヒトの血液は，酸素を運搬する（　ア　），細菌などの異物を排除する（　イ　），出血を止めるときに作用する（　ウ　）という固体成分と，栄養分や老廃物を運搬する（　エ　）という液体成分からなる。このうち（　エ　）の一部は血管からしみ出して組織を満たす。これは（　オ　）と呼ばれる。

11. 生態系　生物とそれらを取り巻く環境を1つのまとまりとしてとらえたものは（　ア　）と呼ばれる。ある（　ア　）内で，植物などのように光合成によって無機物から有機物を合成する生物を（　イ　）といい，（　イ　）がつくった有機物を利用して生活する生物を（　ウ　）という。（　ウ　）のうち，生物の遺骸や排出物に含まれる有機物を無機物に分解する過程に関わる生物を（　エ　）と呼ぶ。

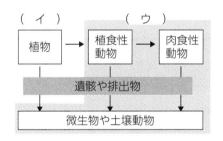

矢印は有機物の移動を示している。

12. 食物連鎖　ひとつの生態系の中で，生物どうしが食う－食われるの関係でつながっていることを（　ア　）という。しかし，この関係は実際には1本の鎖状ではなく，複雑になっている。これを（　イ　）という。

13. 環境問題　私たちの暮らしが豊かになる一方で，人間活動が環境に影響を与えることがあり問題視されている。

●二酸化炭素は代表的な（　ア　）ガスで，工場などから多量に排出されると地球温暖化の原因になる。

●人間の移動や持ち込みによって，本来の生息地以外で生活するようになった生物は（　イ　）と呼ばれる。

7	テーマ⑮
図中に書き込め	

8	テーマ⑯
ア	
イ	

9	テーマ⑱
ア	
イ	
ウ	

10	テーマ⑲
ア	
イ	
ウ	
エ	
オ	

11	テーマ㉜
ア	
イ	
ウ	
エ	

12	テーマ㉝
ア	
イ	

13	テーマ㉟
ア	
イ	

1 観察・実験・調査の進め方

····· 学習の **まとめ** ·······································

1 顕微鏡の使い方

①(¹　　　　　　　) をのぞきながら，視野が最も明るく
なるように (²　　　　　　　) を調節する。

②プレパラートをステージにのせ，クリップでとめる。

③横から見ながら調節ねじを回して (³　　　　　　　) と
プレパラートを近づける。このとき，低倍率の
(³　　　　　　　) の先端とプレパラートが接触しない
ようにする。

④(¹　　　　　　　) をのぞきながら (³　　　　　　　)
とプレパラートの間隔を広げて，ピントを合わせる。

⑤視野の右上にある像を視野の中央に動かすには，プレパ
ラートを (⁴　　　　) の方向へ動かす。

⑥しぼりを (⁵　　　　) ことで，像の輪郭が明瞭になるが，
視野の明るさは (⁶　　　　) なる。

⑦低倍率より高倍率のときの方が，視野の範囲は (⁷　　　　) なり，明るさは (⁸　　　　) なる。

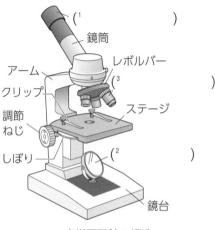

鏡筒
レボルバー
(³　　　　　　　)
アーム
クリップ
ステージ
調節ねじ
しぼり
(²　　　　　　　)
鏡台

◀ **光学顕微鏡の構造** ▶

2 ミクロメーターの使い方

　顕微鏡で試料の大きさを測定する場合，接眼ミクロメーターを使用する。接眼ミクロメーターは，(⁹　　　　　　　)
の中にセットして使用する。また，対物ミクロメーターを用いて，観察する倍率での接眼ミクロメーターの1目盛りの長さを事前に測定しておく。対物ミクロメーターには，ふつう，1 mm を (¹⁰　　　　) 等分した目盛り (1目盛り=10μm) がある。

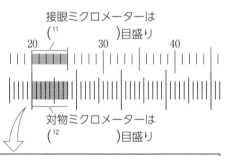

接眼ミクロメーターは
(¹¹　　　　　　　) 目盛り

対物ミクロメーターは
(¹²　　　　　　　) 目盛り

接眼ミクロメーターの1目盛りの長さ	=	対物ミクロメーターの目盛り数 (¹²　　　　) ×10 μm / 接眼ミクロメーターの目盛り数 (¹¹　　　　)	= (¹³　　　　) μm

3 スケッチ・コンピュータの利用

・(¹⁴　　　　　　　)：芯が硬い鉛筆を用い，陰影を点描で表現する。片方の眼で (¹　　　　　　　)
をのぞきながら，他方の眼で試料の (¹⁴　　　　　　　) を行う。

・プレゼンテーション：1枚のスライドに情報を多く入れすぎない。他からデータを引用する時は，
引用先に許可を得たうえで，(¹⁵　　　　　) を明記する。

📎 **WORD TRAINING** ··

❶顕微鏡を運ぶとき，鏡台に手をそえるほか，どの部分を握るか。　　❶＿＿＿＿＿＿

❷光学顕微鏡で光量調節や像をはっきりさせるのに使うのはどこか。　❷＿＿＿＿＿＿

❸実際に試料の大きさを測定するのに使うミクロメーターは何か。　　❸＿＿＿＿＿＿

📖知識
1. 顕微鏡を用いた観察　顕微鏡の観察について，次の各問いに答えよ。

(1) 図のAを視野の中央で観察したいとき，プレパラートは図のア～クのどの方向へ動かすか。

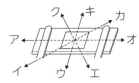

(2) 次の①～⑤の文のうち，誤っているものを2つ選べ。

①レンズの取り付けは，先に接眼レンズ，次に対物レンズの順で行う。

②顕微鏡で観察するとき，顕微鏡は水平で直射日光の当たらない明るい場所に置く。

③観察は，ふつう，高倍率で試料の位置を確認した後，低倍率で観察する。

④ピントを合わせる際は，まず，対物レンズとステージの間隔を最大限に確保し，接眼レンズをのぞきながらその距離を徐々に縮める。

⑤プレパラートの作成では，気泡が入らないようカバーガラスは端からゆっくりかける。

1	まとめ■**1**
(1)	
(2)	

全問正解したらチェック☑

💭思考
2. ミクロメーターの使い方　同じ接眼ミクロメーターを使い，同じ倍率で下図のような対物ミクロメーター(図A)と細胞(図B)を観察した。A，Bからこの細胞の長さを求めよ。

図A
接眼ミクロメーターの目盛り　　10　20　30

対物ミクロメーターの目盛り

図B
細胞
接眼ミクロメーターの目盛り　10　20　30

2	まとめ■**2**

全問正解したらチェック☑

🔍ヒント　対物ミクロメーター1目盛りは，10μm。図Aで接眼ミクロメーターとは，10と20，30目盛りのところで一致している。

📖知識
3. 観察結果のまとめ方　次の①～⑤の文のうち，正しいものをすべて選べ。

①スケッチをする際，陰影は黒く塗りつぶして表現する。

②ゴミなどが見える場合でも，試料のみをスケッチする。

③インターネットから得られる情報には，信頼性に欠けるものもある。

④データを引用した場合は，掲載許可を得て出典を明記する。

⑤スライドにあるオブジェクトにはできるだけ多くアニメーションをつけて，発表を聞く他の人の目を引き付ける。

3	まとめ■**3**

全問正解したらチェック☑

✏️ まとめてみよう

まとめ■**1**

右の語群の語を使って空欄を20字以内でうめ，顕微鏡の高倍率と低倍率の見え方の違いについてまとめた文を完成させよう。

【語群】
・視野の範囲
・明るさ

顕微鏡は低倍率より高倍率のときの方が，

									10				
					20 。								

2 生物の共通性

········ 学習の **まとめ** ····································

1 生物の多様性と共通性

地球上には多種多様な生物が生活している。植物や藻類は，（¹　　　　　　　）を行う。動物は他の生物を食べて生活している。また，菌類や細菌には，生物の遺骸や排出物から（²　　　　　　　）を得るものも多くみられる。

見た目や生活のしかたが多様でも，すべての生物にはいくつかの共通点がある。

| からだが（³　　　　　　）からできている。 | 遺伝物質として（⁴　　　　　　）をもち，生殖によって子を残す。 | （⁵　　　　　　　　　）を利用する。 |

・（⁶　　　　　　）：生物が長い時間をかけて変化し，世代を経るうちに新しい特徴をもつ別の種類の生物になること。

2 細胞などの大きさ

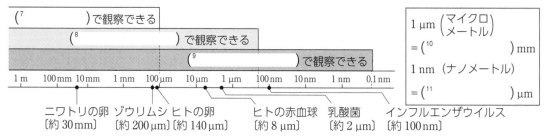

（⁷　　　　　　　　）で観察できる
（⁸　　　　　　　　　　　）で観察できる
（⁹　　　　　　　　　　）で観察できる

1 m　100 mm　10 mm　1 mm　100 µm　10 µm　1 µm　100 nm　10 nm　1 nm　0.1 nm

ニワトリの卵〔約 30 mm〕　ゾウリムシ〔約 200 µm〕　ヒトの卵〔約 140 µm〕　ヒトの赤血球〔約 8 µm〕　乳酸菌〔約 2 µm〕　インフルエンザウイルス〔約 100 nm〕

1 µm（マイクロメートル）
= （¹⁰　　　　　　　　）mm
1 nm（ナノメートル）
= （¹¹　　　　　　　　）µm

3 生物の共通性の由来

生物が多様でありながらも共通性をもつのは，共通祖先から（⁶　　　　　　　）を通じて多様化したためである。

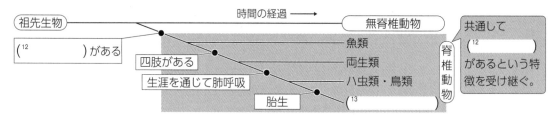

時間の経過 →

祖先生物　　　　　　　　　　　　　　無脊椎動物
（¹²　　　　　）がある　　　　　　　魚類
四肢がある　　　　　　　　　　　両生類
生涯を通じて肺呼吸　　　　　　ハ虫類・鳥類
胎生　　　　　（¹³　　　　　）

脊椎動物

共通して（¹²　　　　　　　）があるという特徴を受け継ぐ。

・（¹⁴　　　　　　）：生物の形や働きが，進化の過程で生活環境に適するようになること。
・（¹⁵　　　　　　）：生物が進化してきた道筋のこと。これを樹木の枝分かれで表現したものを（¹⁶　　　　　　　）という。

WORD TRAINING ··

❶生物を分類する際の基本単位を何というか。　　　❶ _____

❷からだがひとつの細胞からなる生物を何というか。　❷ _____

❸哺乳類の子の生まれ方を何というか。　　　　　　❸ _____

📖知識

4. さまざまな生物の観察　下の文章は，生物の観察について述べている。次の各問いに答えよ。

　藻類(葉緑体をもつ光合成生物のうち，コケ植物，シダ植物，種子植物を除いたものの総称)の一種であるアナアオサ，菌類の一種である酵母，細菌の一種であるイシクラゲを材料とし，3つの試料のプレパラートを作製した。これらを顕微鏡下で観察すると，仕切られた小部屋のようなものがみられた。

(1)　下線部は，すべての生物に共通してみられる構造である。生物のからだをつくる最小単位であるこの構造を何というか。

(2)　ウイルスは生物に共通する特徴の一部しかもたないため，生物として扱われないことが多い。ウイルスがもつ特徴として適当なものをア〜ウから1つ選べ。

　ア．遺伝物質として DNA などをもつ。

　イ．からだが細胞でできている。

　ウ．自分自身でエネルギーを利用した生命活動をする。

(3)　次の①〜④のなかから誤っているものを1つ選べ。

　①生物は世代を経るうちに別の種になることがある。

　②どの生物も複数の細胞からなる。

　③生物はエネルギーを利用して生活している。

　④生物は，生殖によって子を残す。

📖知識

5. 細胞などの大きさ　次の①〜⑤について，大きい順に並べよ。

①ヒトの赤血球　　　②ヒトの卵　　　③ヒトの肝臓の細胞

④乳酸菌　　　　　　⑤インフルエンザウイルス

📖知識

6. 生物の共通性の由来　次の(1)〜(4)に当てはまる語句を下の語群からそれぞれ選べ。

(1)　生物が進化してきた道筋のこと。

(2)　魚類や両生類などの子の生まれ方。

(3)　進化の過程で，生物の形や働きが環境に適するようになること。

(4)　すべての脊椎動物に共通する祖先がもっていた特徴。

　【語群】　背骨をもつ　　四肢がある　　卵生　　胎生　　系統
　　　　　　適応

4 ｜まとめ▶**1**

(1)	
(2)	
(3)	

全問正解したらチェック☑

5 ｜まとめ▶**2**

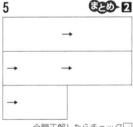

全問正解したらチェック☑

6 ｜まとめ▶**3**

(1)	
(2)	
(3)	
(4)	

全問正解したらチェック☑

✏️ **まとめてみよう**　｜まとめ▶**3**

右の語群の語を使って空欄を20字以内でうめ，生物の共通性の由来についてまとめた文を完成させよう。

【語群】
・共通祖先
・多様化

生物が多様でありながらも共通性をもつのは，

							10					

				20	**ためである。**

3 細胞構造の共通性

······ 学習の **まとめ** ···

1 細胞構造の共通性

■すべての細胞に共通する特徴

・染色体と（¹　　　　　　）をもち，その最外層は（²　　　　　　）となっている。
・（¹　　　　　　）は，（³　　　　　　　　）で満たされている。

■原核細胞と真核細胞の特徴

・（⁴　　　　　　）：核をもたない細胞。この細胞からなる生物を（⁵　　　　　　　）という。
・（⁶　　　　　　）：核をもつ細胞。細胞の内部には（⁷　　　　　　　）がみられる。この細胞で
　　　　　　　　　　できた生物を（⁸　　　　　　）という。

■真核細胞の特徴

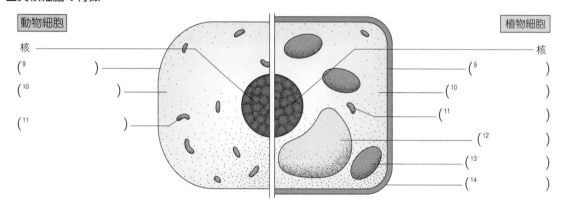

動物細胞

核 ————
（⁹　　　　　　）
（¹⁰　　　　　　）
（¹¹　　　　　　）

植物細胞

———— 核
（⁹　　　　　　）
（¹⁰　　　　　　）
（¹¹　　　　　　）
（¹²　　　　　　）
（¹³　　　　　　）
（¹⁴　　　　　　）

■細胞の共通性と進化

　現生のすべての生物に共通する祖先は，（¹⁵　　　　　　　　）であったと考えられている。生物は共通
祖先から，細胞膜をもつ，遺伝物質として DNA をもつなどの，細胞の基本的な機能を保ちながら進化
してきた。この進化の過程で，単細胞の（¹⁶　　　　　　　）が生じた。

2 細胞の研究史

　1665年，（¹⁷　　　　　　）は自作の顕微鏡でコルクの薄片の小部屋構造を観察し，これを「Cell（細胞）」
と名づけた。1674年に，（¹⁸　　　　　　　　　　）は生きた細胞をはじめて観察した。19世紀，シュ
ライデンは（¹⁹　　　　　）について，シュワンは（²⁰　　　　　　）について「生物のからだはすべて細胞
でできている。」という（²¹　　　　　　）を提唱した。さらに，（²²　　　　　　　　）は，「細胞は細
胞より生じる。」と提唱し，細胞説の発展に貢献した。

WORD TRAINING ···

❶細胞質を満たし，化学反応の場となる液状の成分を何というか。　　❶ ＿＿＿＿＿＿＿＿

❷細胞内で呼吸の場となる細胞小器官を何というか。　　　　　　　　❷ ＿＿＿＿＿＿＿＿

❸生物の共通祖先は原核生物と真核生物のどちらか。　　　　　　　　❸ ＿＿＿＿＿＿＿＿

❹動物について細胞説を唱えた人物は誰か。　　　　　　　　　　　　❹ ＿＿＿＿＿＿＿＿

7. 真核細胞の構造と働き　右図は，細胞の基本的な構造を模式的に示したものである。次の各問いに答えよ。

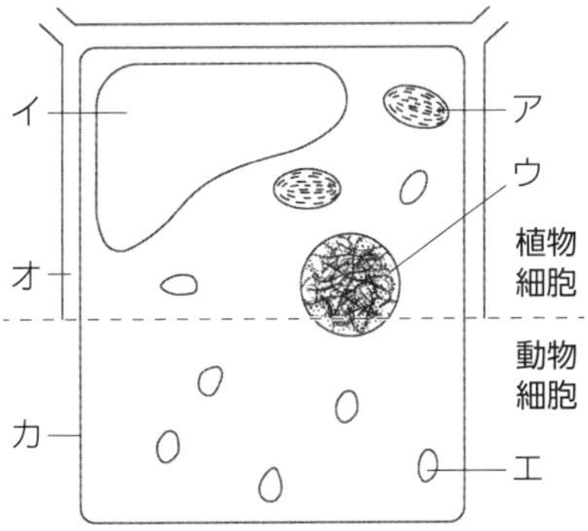

(1) 図中ア～カの名称を下のa～fのなかからそれぞれ選び記号で答えよ。

   a．葉緑体　　b．核
   c．液胞
   d．ミトコンドリア
   e．細胞膜　　f．細胞壁

(2) 図のア～カのうち，細胞小器官はどれか。<u>すべて</u>選べ。

(3) 図のア～エのうち，酢酸カーミン溶液でよく染まるものはどれか。

(4) 次の①～④の文は，図中ア～カのどれについて説明したものか。

  ①細胞質の最外層の膜で，物質はこれを介して細胞へ出入りする。

  ②呼吸を行い，生命活動に必要なエネルギーを取り出す。

  ③染色体を含み，細胞の働きを調節する。

  ④凸レンズ形で，光合成の場となる。

7	まとめ 1
(1)ア	イ
ウ	エ
オ	カ
(2)	
(3)	
(4)①	
②	
③	
④	

全問正解したらチェック☑

📖知識

8. 原核細胞　原核細胞の特徴として当てはまらないものを次の①～④のなかから1つ選べ。

①細胞膜をもつ。

②植物細胞とは成分が異なる細胞壁をもつ。

③染色体は核に存在する。

④染色体は細胞質基質中に存在する。

8	まとめ 1

全問正解したらチェック☑

📖知識

9. 細胞の研究史　(1)～(4)に当てはまる人物を下の語群からそれぞれ選べ。

(1) 1665年，自作の顕微鏡で細胞を最初に発見した研究者は誰か。

(2) 1838年に，植物について細胞説を提唱した研究者は誰か。

(3) 1839年に，動物について細胞説を提唱した研究者は誰か。

(4) 「細胞は細胞より生じる。」と唱え，細胞説の発展に貢献した研究者は誰か。

【語群】　シュライデン　　フック　　シュワン　　フィルヒョー

9	まとめ 2
(1)	
(2)	
(3)	
(4)	

全問正解したらチェック☑

✏ **まとめてみよう**　　　　　　　　　　　　　　　まとめ 1

右の語群の語を使って空欄を20字以内でうめ，細胞の共通性についてまとめた文を完成させよう。

生物は共通祖先から，

などの，細胞の基本的な機能を保ちながら進化してきた。

【語群】
・細胞膜
・遺伝物質

※アルファベットは1文字で1マス使おう。

4 代謝とATP／代謝と酵素

••••• 学習の **まとめ** ••

◼ 代謝

・(^{1})：生体内でみられる，生命活動に必要な物質の合成や分解などの一連の化学反応。

・(^{2})：外界から取り入れた物質から，からだを構成する物質や生命活動に必要な物質をつくる反応。エネルギーを(^{3})して進む。

・(^{4})：生体内に存在する有機物などの複雑な物質が，より単純な物質に分解される反応。エネルギーを(^{5})して進む。

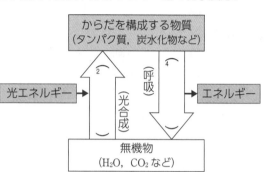

◼ 代謝とATP

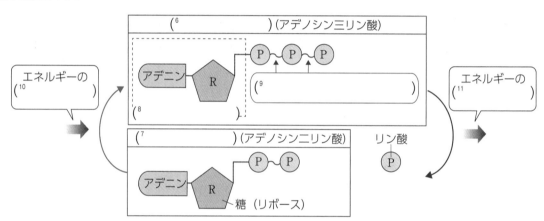

◼ 代謝と酵素

・(^{12})：物質に作用して，特定の化学反応を促進する。主に(^{13})からできている。反応の際，自身は変化せず，くり返し作用することができる。このような性質をもつ物質を総称して(^{14})という。

・(^{15})：(^{12})が特定の物質にのみ作用する性質。(^{12})の作用を受ける物質は(^{16})と呼ばれる。

WORD TRAINING ••

❶ ATP 内のリン酸どうしの結合は何と呼ばれるか。 ❶ _____

❷ ATP は何の略称か。日本語で答えよ。 ❷ _____

❸ ATP と ADP が共通してもつ糖を何というか。 ❸ _____

❹ 生物がつくり，生体内で働く触媒を何というか。 ❹ _____

10. 代謝と ATP

📖知識

下図は，生物界における物質の代謝とエネルギーの代謝を模式的に示したものである。図中の 1 ～ 6 に適する語を下の語群のなかから選べ。同じ語を何度使っても良い。

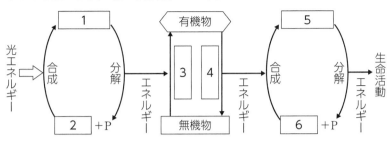

【語群】　同化　　異化　　ATP　　ADP

10	まとめ▶ **1** **2**
1	
2	
3	
4	
5	
6	

全問正解したらチェック☑

11. ATP の構造

📖知識

下図は，ATP の構造を模式的に示したものである。

(1) 図中ア～エの名称を a ～ e のなかから選び，記号で答えよ。

a．ATP
b．ADP
c．リン酸
d．アデノシン
e．高エネルギー
　　リン酸結合

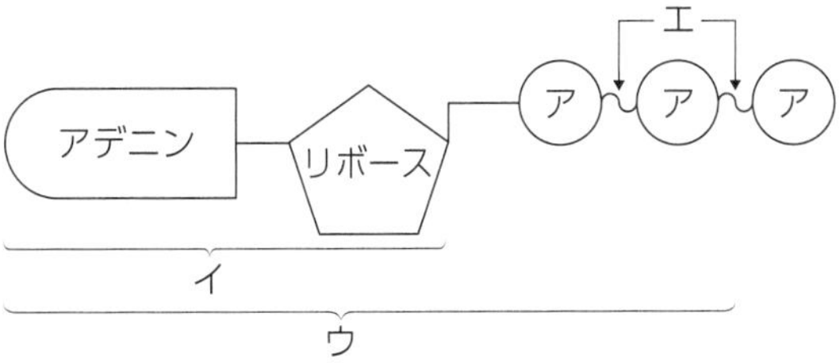

アデニン　リボース　ア　ア　ア
エ　　イ　　ウ

(2) 文章中の(　　)に当てはまる語を下の①～④からそれぞれ選べ。

ATP には，アデニンという(　1　)と，リボースという(　2　)が含まれる。ATP のような(　1　)・(　2　)・(　3　)からなる物質は，(　4　)と総称される。

①リン酸　　②糖　　③塩基　　④ヌクレオチド

11	まとめ▶ **2**
(1)ア	イ
ウ	エ
(2)1	2
3	4

全問正解したらチェック☑

12. 触媒としての酵素

📖知識

酵素の働きについて説明した次の①～⑤のなかから誤っているものを1つ選べ。

①細胞内において，生命活動に必要な物質の合成・分解は，酵素の働きによって進められる。

②酵素は触媒としての働きをもち，化学反応をすみやかに進行させる。

③酵素自体は反応の前後で変化しない。

④酵素は，主にデンプンからできている。

⑤特定の反応を促進する酵素が細胞小器官内に存在しているため，細胞小器官はそれぞれ独自の働きをもっている。

12	まとめ▶ **3**

全問正解したらチェック☑

✏ まとめてみよう

まとめ▶ **3**

右の語群の語を使って空欄を20字以内でうめ，基質特異性についてまとめた文を完成させよう。

【語群】
・酵素
・物質

								10		

を基質特異性という。

5 光合成と呼吸

••••• 学習の まとめ •••••••••••••••••••••••••••••••••••

1 光合成

植物細胞内の (¹　　　　　) では太陽からの (²　　　　　　) が吸収され，(³　　　　) が合成される。このエネルギーを利用して，炭水化物などの (⁴　　　　　　) が合成される。

| (⁵　　　　) + (⁶　　　　) + (²　　　　) ⟶ (⁴　　　　) + (⁷　　　　) |
| (H_2O)　　　　　　(CO_2)　　　　　　　　　　　　　　　　　　(O_2) |

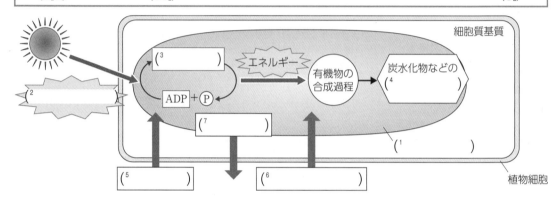

2 呼吸

(⁸　　　　) 生物は，酸素を用いてグルコースなどの (⁹　　　　　) を分解し，生命活動に必要な (¹⁰　　　　) を合成している。これらの反応は，(¹¹　　　　　) に含まれるさまざまな (¹²　　　　) によって，有機物を段階的に分解している。

| (⁹　　　　) + (¹³　　　　) ⟶ (¹⁴　　　　) + (¹⁵　　　　) + エネルギー |
| (グルコースなど)　　　(O_2)　　　　　　(CO_2)　　　　　(H_2O) |

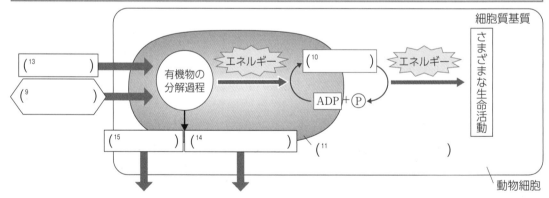

![WORD TRAINING]

••••••••••••••••••••••••••••••••••••••

❶光エネルギーを吸収する細胞小器官は何というか。　　　❶＿＿＿＿＿＿＿＿＿

❷呼吸において重要な役割を担う細胞小器官は何というか。　❷＿＿＿＿＿＿＿＿＿

❸呼吸で合成される，生命活動のエネルギー源となる物質は何か。　❸＿＿＿＿＿＿＿＿＿

13. 光合成と呼吸の反応　次の式A，Bは，それぞれ光合成と呼吸のどちらかの反応を示したものである。

　　A：水 ＋（　1　）＋（　2　）エネルギー → 有機物 ＋（　3　）
　　B：有機物 ＋（　4　）→ 二酸化炭素 ＋（　5　）＋ エネルギー

(1)　（　）に当てはまる語を下の語群からそれぞれ選べ。ただし，同じ語を何度使用してもよい。

　【語群】　酸素　水　二酸化炭素　化学　光　ATP

(2)　呼吸の反応を示しているのは，AとBのどちらか。

(3)　A，Bの反応でエネルギーの受け渡しを行っている物質は何か。(1)の語群のなかから選べ。

13	まとめ 1 2
(1) 1	
2	
3	
4	
5	
(2)	
(3)	

全問正解したらチェック☑

14. 光合成と呼吸　次の①～⑥のなかから誤っているものを2つ選べ。

①光合成では，葉緑体によって光エネルギーが吸収されている。

②光合成には，ATPの合成の過程は含まれない。

③従属栄養生物は光合成ができないため，直接的または間接的に独立栄養生物が合成した有機物を摂取する必要がある。

④光合成と呼吸の反応では，さまざまな酵素が触媒として働く。

⑤呼吸は，有機物と酸素に含まれるエネルギーを取り出す反応である。

⑥呼吸によって得られたエネルギーは，生命活動を行うために必要なエネルギーに変換される。

14	まとめ 1 2

全問正解したらチェック☑

15. 有機物の燃焼と呼吸　次の文や図の空欄に入る適語を下の①～⑥のなかから選び記号で答えよ。

燃焼では，有機物と（　1　）が直接結合して急激に反応が進み，エネルギーは（　2　）や（　3　）として一度に放出される。一方，呼吸では，有機物は（　1　）と直接結合せず，（　4　）によって段階的に分解され，エネルギーも段階的に取り出される。

燃　焼	呼　吸
有機物＋（　1　）	
（2） ＋ （3）	（4）--→ ⇨（ADP （5）
	（4）--→ ⇨（ADP （5）
	（4）--→ ⇨（ADP （5）
（　6　）＋水	

①ATP　②二酸化炭素　③光　④熱　⑤酸素　⑥酵素

15	まとめ 2
1	2
3	4
5	6

全問正解したらチェック☑

✏ **まとめてみよう**　　　　　　　　　　　　　　まとめ 2

右の語群の語を使って空欄を20字以内でうめ，呼吸についてまとめた文を完成させよう。

真核生物は，酸素を用いてグルコースなどの

									10										
			20																

を合成する。

【語群】
・有機物
・生命活動
・ATP

※アルファベットは1文字で1マス使おう。

6 第1章 章末問題

16. 生物の共通性 下図は，生物やその細胞を顕微鏡で観察した際のスケッチである。次の各問いに答えよ。

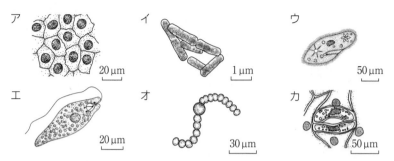

ア 20 μm イ 1 μm ウ 50 μm
エ 20 μm オ 30 μm カ 50 μm

(1) ア～カは何の生物や細胞をスケッチしたものであるか。次の①～⑥のなかからそれぞれ選べ。

①ミドリムシ ②ゾウリムシ
③ビフィズス菌 ④イシクラゲ
⑤イモリの表皮細胞 ⑥ムラサキツユクサの表皮細胞

(2) ア～カのなかから，原核生物をすべて選べ。

(3) ア～カの細胞のうち，最も大きなものはどれか。

(4) ア～カの細胞のうち，電子顕微鏡で観察したものはどれか。

(5) ア～カの細胞がもつ共通した遺伝物質を何というか。

16	
(1)ア	イ
ウ	エ
オ	カ
(2)	
(3)	
(4)	
(5)	

全問正解したらチェック☑

🔍ヒント (3)(4) 図中のスケールを参考に考える。

📖知識

17. 細胞構造の共通性 細胞の構造に関する次の各問いに答えよ。

(1) 図中ア～カの名称を次の①～⑥のなかからそれぞれ選べ。

①核 ②液胞 ③細胞膜
④葉緑体 ⑤ミトコンドリア
⑥細胞質基質

植物細胞 ／ 動物細胞
オ カ 細胞壁 ／ ア イ ウ エ キ

(2) 図中イに含まれる，細胞分裂時に現れるひも状の構造キを何というか。

(3) 図中ア～キのうち，原核細胞でみられる構造を3つ選び，記号で答えよ。

(4) 次の①～⑥の文は，図のア～カのうちのどれについて説明したものか。記号で答えよ。

①さまざまな酵素を含み，呼吸の場となる。

②光合成の場となる。

③遺伝情報を保持し，細胞の働きを調節する。

④植物細胞で発達し，細胞内の物質の濃度調節と貯蔵を行う。

⑤液状で，水やタンパク質，アミノ酸などを含み，細胞小器官の間を満たしている。

⑥細胞質の最外層にあり，物質はここを介して細胞へ出入りする。

17	
(1)ア	イ
ウ	エ
オ	カ
(2)	
(3)	
(4)①	②
③	④
⑤	⑥

全問正解したらチェック☑

🔍ヒント (2) キは遺伝子の本体であるDNAを含んでいる。

18. 生物とエネルギー

下図は，生物界における代謝とエネルギーの移動を模式的に示したものである。次の各問いに答えよ。

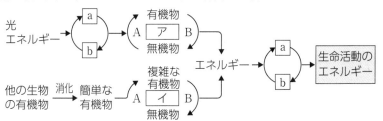

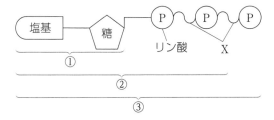

(1) 図中A，Bは，それぞれ同化と異化のどちらを示しているか。

(2) 図中ア，イは，それぞれ植物と動物のどちらを示しているか。

(3) 右図は，a，bの構造を示したものである。a，bの構造は，それぞれ①〜③のどれに相当するか。

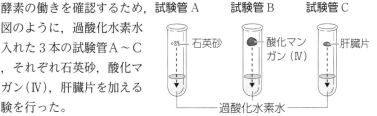

(4) a，bの名称をそれぞれアルファベット3文字で答えよ。

(5) 図中Xの結合を何と呼ぶか。

18

(1) A	
B	
(2) ア	
イ	
(3) a	
b	
(4) a	
b	
(5)	

全問正解したらチェック☑

ヒント (3) ①の構造は，アデノシンと呼ばれる。

19. 酵素の特徴

酵素の実験に関する次の各問いに答えよ。

酵素の働きを確認するため，右図のように，過酸化水素水を入れた3本の試験管A〜Cに，それぞれ石英砂，酸化マンガン(Ⅳ)，肝臓片を加える実験を行った。

（図：試験管A 石英砂，試験管B 酸化マンガン(Ⅳ)，試験管C 肝臓片，過酸化水素水）

(1) 試験管A〜Cのうち，気泡が発生した試験管はどれか。すべて選び記号で答えよ。

(2) 気泡が発生した試験管に，数分後，火のついた線香を入れると激しく炎をあげて燃えた。発生した気体は何か。

(3) 試験管Cの肝臓片に多く含まれている酵素は何か。

(4) (3)の基質は何か。

(5) 酵素は種類によって促進する代謝が異なる。これは，酵素のどのような性質によるものか。次の①〜④から選べ。
   ①タンパク質からできている。　②細胞外でも働くことができる。
   ③基質特異性がある。　　　　　④生体内で触媒として働く。

(6) 反応後の肝臓片を試験管Cから取り出し，過酸化水素水を入れた試験管Dに加えると，気泡が発生した。これは酵素のどのような性質によるものか。下の語を用いて30字以内で書け。

[　酵素　　基質　　消費　]

19

(1)	
(2)	
(3)	
(4)	
(5)	

全問正解したらチェック☑

ヒント (6) 酵素がなくなると，過酸化水素の盛んな分解は起こらない。

15

染色体・DNA・遺伝子

•••••学習の **まとめ** ••••••••••••••••••••••••••••••••

1 形質と遺伝子

生物に現れる色や形，大きさなどの特徴を（¹　　　　　　）という。多くの（¹　　　　　　）は，
（²　　　　　　　　）によって決定され，（¹　　　　　）を決める情報は（³　　　　　　　　）と呼ばれる。

例（ヒト）：眼（虹彩）の色，一重まぶたと二重まぶた，毛髪の直毛と巻き毛　など

2 染色体

真核生物の遺伝子が存在する（⁴　　　　　　　　）は，（⁵　　　　　　　　）とタンパク質からできている。
真核生物では，細胞の（⁶　　　　　）内に存在し，通常は細く長い糸状になって分散している。細胞が
分裂するときは，（⁷　　　　　　）して太く短くなる。

通常（間期）の細胞　　　　　　　　（⁴　　　　　　　　）

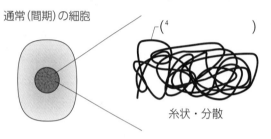

糸状・分散

分裂期（M期）
の細胞　　　　　　　　　　　（⁴　　　　　　　）

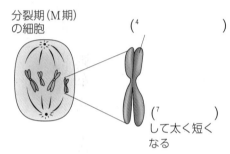

（⁷　　　　　　）
して太く短く
なる

3 DNA と遺伝子

（⁵　　　　　　　　）は非常に長い分子で，そのところどころに遺伝子として働く部分が存在する。

糸状の（⁴　　　　　　　）

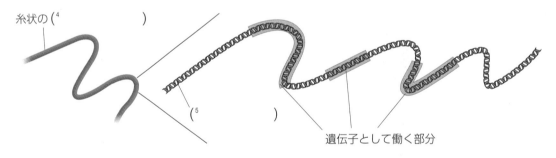

（⁵　　　　　）

遺伝子として働く部分

🔲 **WORD TRAINING** ••

❶生物に現れる色や形，大きさなどの特徴は何というか。　　　　❶＿＿＿＿＿＿＿＿＿＿

❷❶は何の働きにもとづいて現れるか。　　　　　　　　　　　❷＿＿＿＿＿＿＿＿＿＿

❸❶を決める情報は何と呼ばれるか。　　　　　　　　　　　　❸＿＿＿＿＿＿＿＿＿＿

❹遺伝子は，核内の何と呼ばれる構造に存在するか。　　　　　❹＿＿＿＿＿＿＿＿＿＿

❺真核生物の❹は，DNA と何からできているか。　　　　　　❺＿＿＿＿＿＿＿＿＿＿

20. 染色体

まとめ→ 2

📖知識

下図は，ある生物の異なる時期の細胞を示している。次の各問いに答えよ。

(1) 形状は異なるがアとイが示すのは同じものである。アとイが示すものは何か。

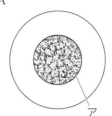

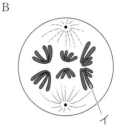

A　　　　B

(2) 分裂中の細胞を示しているのは，AとBのどちらか。

(3) アとイは主に何からできているか。語群のなかから2つ選べ。

【語群】　DNA　　ATP　　ADP　　グルコース　　タンパク質

20	
(1)	
(2)	
(3)	

全問正解したらチェック☑

21. 遺伝子とDNA

まとめ→ 1 3

📖知識

下の文章を読み，次の各問いに答えよ。

遺伝子の本体は，（　1　）という物質である。遺伝子は，さまざまな（　2　）の決定に関与する。

(1) 文中の（　）に入る語として，最も適当なものを語群のなかからそれぞれ選べ。

【語群】　ATP　　タンパク質　　DNA　　塩基　　形質　　染色体

(2) 次の①〜④のなかから誤っているものを1つ選べ。

①DNAのすべての部分が遺伝子として働く。

②DNAは，非常に長い分子である。

③ヒトの巻き毛や直毛は，形質の一種である。

④すべての生物は細胞内にDNAをもっている。

21	
(1) 1	
2	
(2)	

全問正解したらチェック☑

22. DNAの抽出

📖知識

下の文章はDNAの抽出実験の方法を述べたものである。次の各問いに答えよ。

ブロッコリーのつぼみ部分を乳鉢に入れすりつぶす。これに，合成洗剤と（　ア　）を含む抽出用溶液を加えて混ぜ，静置する。すり混ぜた液をガーゼでろ過し，ろ液に冷たい（　イ　）を静かに注ぐ。

(1) 文中の（　）に入る適語を，下の語群からそれぞれ選べ。

【語群】　エタノール　　食塩水

(2) 析出したDNAはどのような形状か。下の語群から選べ。

【語群】　繊維状　　液体状　　粒状

22	
(1) ア	
イ	
(2)	

全問正解したらチェック☑

✏️ **まとめてみよう**

まとめ→ 3

右の語群の語を使って空欄を20字以内でうめ，遺伝子とDNAの関係についてまとめた文を完成させよう。

DNAは非常に長い分子で，その

									10					
		20			**が存在する。**									

【語群】
・ところどころ
・働く部分

8 DNAの構造

••••• 学習の **まとめ** •••

1 DNAの構成成分

DNAは図のような (^{1}) が多数鎖状につながった物質である。

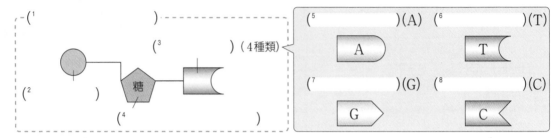

2 DNAの構造

・ヌクレオチドどうしが，糖と (^{2}) の部分で結合し，1本のヌクレオチド鎖をつくる。

・2本のヌクレオチド鎖は，向き合った (^{3}) によってはしご状に結合している。

・Aと (^{9})，Gと (^{10}) が結合するという塩基の (^{11}) がみられる。

・2本鎖がらせん状にねじれた (^{12}) 構造と呼ばれる構造をもつ。

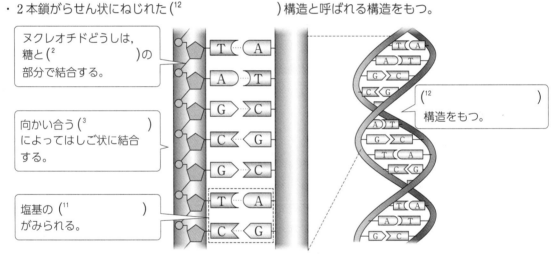

3 DNAと遺伝子

DNAの (^{13}) が，遺伝情報である。それぞれの遺伝子は，固有の (^{13}) をもち，遺伝子によって塩基の個数や配列順序が異なる。

WORD TRAINING ••

❶ DNAのヌクレオチドを構成する糖の名称を何というか。　　　❶ ＿＿＿＿＿＿＿＿＿

❷ DNA分子で，アデニンと結合する塩基は何か。　　　　　　❷ ＿＿＿＿＿＿＿＿＿

❸ ❷のような塩基どうしの関係性を塩基の何というか。　　　　❸ 塩基の ＿＿＿＿＿＿

❹ DNAの特徴的な立体構造は何と呼ばれるか。　　　　　　　❹ ＿＿＿＿＿＿＿＿＿

📖知識

23. DNAの構造①　右図は，DNAの構造を模式的に示したものである。

(1) 図のようなDNAの構造を何というか。下の語群から選んで答えよ。

【語群】　はしご状構造　　二重らせん構造
　　　　　塩基の相補性　　塩基対

(2) DNAのヌクレオチドは何種類あるか。①～④のなかから選び番号で答えよ。

①1種類　　②2種類

③4種類　　④8種類

(3) 図のア～エに入る塩基をそれぞれアルファベットで答えよ。

(4) 1本のDNAのヌクレオチド鎖では，ヌクレオチドどうしはどことどこの間で結合しているか。①～④のなかから選び番号で答えよ。

①糖と糖の間　　　　②糖と塩基の間

③糖とリン酸の間　　④塩基とリン酸の間

(5) DNAの塩基と塩基の結合にみられる関係性は何と呼ばれるか。(1)の語群のなかから答えよ。

23	まとめ-**1**2
(1)	
(2)	
(3)ア	
イ	
ウ	
エ	
(4)	
(5)	

全問正解したらチェック☑

📖知識

24. DNAの構造②　下図は，DNAの分子構造を模式的に示したものである。次の各問いに答えよ。

(1) 図のア～エの物質はそれぞれ何か。下の語群からそれぞれ選んで答えよ。

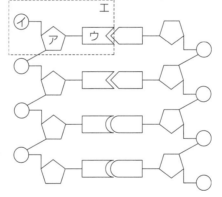

【語群】　リボース
　　　　　デオキシリボース
　　　　　リン酸
　　　　　窒素
　　　　　ヌクレオチド
　　　　　塩基

24	まとめ-**1**3
(1)ア	
イ	
ウ	
エ	
(2)	

全問正解したらチェック☑

(2) DNAの2本鎖のうち，一方の塩基配列がA－C－G－T－Aのとき，もう一方の塩基配列はどのようになるか。①～④のなかから選び番号で答えよ。

① A－C－G－T－A　　② T－G－C－A－T

③ T－C－G－A－T　　④ C－A－T－G－C

✏ **まとめてみよう**　　まとめ-**3**

右の語群の語を使って空欄を15字以内でうめ，DNAと遺伝情報の関係についてまとめた文を完成させよう。

									10					15

である。

【語群】
・DNA
・塩基

※アルファベットは1文字で1マス使おう。

9 DNA の研究史

•••• 学習の **まとめ** ••

1 形質転換の発見

■(¹　　　　　　　) の実験 (1928年)

　　肺炎双球菌 (肺炎球菌) には，病原性のS型菌と非病原性のR型菌がある。

　　肺炎双球菌の病原性を調べる過程で，加熱殺菌した (²　　　) 型菌のもつ物質が (³　　　) 型菌に移ることで，R型菌がS型菌に変化するという (⁴　　　　　　　) の現象を発見した。

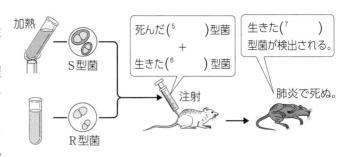

死んだ (⁵　　　) 型菌
　　　＋
生きた (⁶　　　) 型菌

生きた (⁷　　　) 型菌が検出される。

肺炎で死ぬ。

2 形質転換物質の探索

■(⁸　　　　　　　) らの実験 (1944年)

　　S型菌の抽出液中のタンパク質を分解したり，DNAを分解したりして得られた結果から，(⁴　　　　　) を起こさせる物質が (⁹　　　　　) であることを示した。

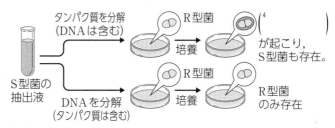

タンパク質を分解 (DNAは含む)
R型菌　(⁴　　　　) が起こり，S型菌も存在。

DNAを分解 (タンパク質は含む)
R型菌のみ存在

S型菌の抽出液

■ハーシーと (¹⁰　　　　　　　) の実験 (1952年)

　　細菌に感染するウイルスであるバクテリオファージを用いた実験によって，遺伝子の本体はタンパク質ではなく，(¹¹　　　　　) であることを証明した。

3 DNA の構造の解明

■(¹²　　　　　　　) の実験 (1949年)

　　さまざまな生物からDNAを抽出し，4種類の塩基の数を比較した。生物の種類によって含まれる塩基の数の割合は異なるが，どの生物でもAと (¹³　　　)，Gと (¹⁴　　　) の数の比はそれぞれほぼ (¹⁵　　　) : (¹⁶　　　) であるという規則性をみつけた。

〈DNAの塩基組織 (塩基数の割合)〉

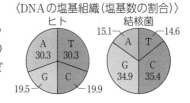

ヒト
A 30.3 / T 30.3 / G 19.5 / C 19.9

結核菌
15.1 / A / T 14.6 / G 34.9 / C 35.4

■(¹⁷　　　　　　　) とフランクリンの研究 (1952年)

　　X線を用いて，DNAを構成する原子の配置を示す写真 ((¹⁸　　　　　　　) 像) を撮影した。

■ワトソンと (¹⁹　　　　　　　) の研究 (1953年)

　　DNAの (²⁰　　　　　　　) 構造モデルを提唱した。

WORD TRAINING •••

❶肺炎双球菌などが遺伝物質を取り込み，形質を変える現象は何か。　❶＿＿＿＿＿＿＿＿＿

❷形質転換の原因物質が DNA であることを示したのは誰か。　❷＿＿＿＿＿＿＿＿＿

❸遺伝子の本体が DNA であることを証明したのはチェイスと誰か。　❸＿＿＿＿＿＿＿＿＿

❹DNA の二重らせん構造をクリックとともに解明したのは誰か。　❹＿＿＿＿＿＿＿＿＿

思考
25. 遺伝子本体の研究　下表は肺炎双球菌のＳ型菌とＲ型菌の病原性に関する実験について示している。次の各問いに答えよ。

実験番号	ネズミに注射したもの
Ⅰ	生きたＳ型菌
Ⅱ	生きたＲ型菌
Ⅲ	加熱して殺したＳ型菌
Ⅳ	加熱して殺したＳ型菌＋Ｒ型菌

(1) 実験番号Ⅰ～Ⅳで得られる結果として適するのは①，②のどちらか。
　　①ネズミは肺炎を発病した。　　②ネズミは肺炎を発病しなかった。

(2) 実験Ⅳのような結果になる理由として最も適当なものを選べ。
　　①加熱殺菌したＳ型菌の成分をＲ型菌が取り込み形質転換を起こした。
　　②加熱殺菌したＳ型菌には病原性がまだ残っていた。
　　③加熱殺菌したＳ型菌がＲ型菌によって再生した。

思考
26. エイブリーの実験　エイブリーらは肺炎双球菌を用いて形質転換の原因物質の究明を試みた。まず，Ｓ型菌をすりつぶして得た抽出液に，次のＡ，Ｂの処理を行い，それぞれにＲ型菌を混ぜて培養した。
　Ａ．タンパク質だけを分解　　　Ｂ．DNAだけを分解

(1) Ａ，Ｂを使った培養結果はそれぞれどのようになるか。次から選べ。
　　①Ｒ型菌だけが得られる。　　②Ｓ型菌だけが得られる。
　　③Ｒ型菌とＳ型菌が得られる。

(2) エイブリーらが導いた重要な結論を次から選べ。
　　①Ｓ型菌に含まれているタンパク質がＲ型菌の形質を変化させた。
　　②Ｓ型菌に含まれているDNAがＲ型菌の形質を変化させた。
　　③Ｓ型菌に含まれているその他の成分がＲ型菌の形質を変化させた。

思考
27. DNAの塩基組成　次の表は2つの生物についてDNAの塩基組成を調べ，その数の割合(％)を示したものである。（　　）に入る値として最も適当なものを下の①～⑧から選べ。同じ値を何度使ってもよい。

	アデニン	チミン	グアニン	シトシン
ウシ(肝臓)	29	(ア)	21	21
結核菌	15	(イ)	(ウ)	(エ)

①15　　②19　　③20　　④25　　⑤29　　⑥30　　⑦35　　⑧39

まとめてみよう

右の語群の語を使って空欄を20字以内でうめ，ハーシーとチェイスの実験から導かれる結論についてまとめた文を完成させよう。

									10					

である ことを証明した。

【語群】
・遺伝子
・タンパク質
・DNA
※アルファベットは1文字で1マス使おう。

25　まとめ▶**1**

(1) Ⅰ	
Ⅱ	
Ⅲ	
Ⅳ	
(2)	

全問正解したらチェック☑

26　まとめ▶**2**

(1) Ａ	
Ｂ	
(2)	

全問正解したらチェック☑

ヒント　(1) 抽出液中に形質転換の原因物質が含まれていると，形質転換が起こる。

27　まとめ▶**3**

(ア)	(イ)
(ウ)	(エ)

全問正解したらチェック☑

ヒント　塩基の相補性から，ＡとＴ，ＧとＣの数は必ず同じになる。また，割合なので，Ａ・Ｔ・Ｇ・Ｃの総数は100％になる。

まとめ▶**3**

10 DNA の複製と分配

······ 学習の **まとめ** ···

■1 半保存的複製

DNA の複製では，2本のヌクレオチド鎖が離れて1本鎖となったところに，塩基の(^{1} ⎵)にもとづいてヌクレオチドが結合することで，新しい鎖がつくられる。このような DNA の複製のしくみを(^{2} ⎵)と呼ぶ。

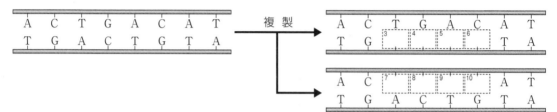

■2 細胞周期

体細胞分裂では，母細胞で複製された DNA が，2個の(^{11} ⎵)細胞に均等に分配されている。

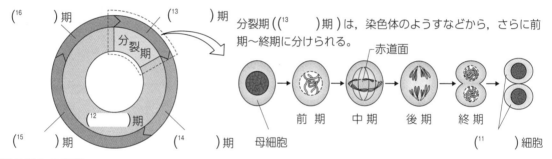

分裂期（(^{13} ⎵)期）は，染色体のようすなどから，さらに前期〜終期に分けられる。

■3 DNA の複製

細胞周期		細胞の状態
(^{12} ⎵)期	(^{14} ⎵)期	DNA 複製の準備
	(^{15} ⎵)期	DNA 複製
	(^{16} ⎵)期	分裂の準備
分裂期	(^{13} ⎵)期	細胞分裂

↓下図に1細胞当たりの DNA 量の変化を描き入れよ。

WORD TRAINING ···

❶塩基の相補性にもとづく，DNA の複製のしくみを何というか。　❶ _____

❷細胞周期において，細胞分裂が起こる時期はいつか。　❷ _____

❸細胞周期において，❷以外の時期をまとめて何というか。　❸ _____

❹細胞周期において DNA が複製される時期は，❸のうちいつか。　❹ _____

28. 細胞周期 細胞が生じる過程のくり返しは（ a ）と呼ばれ，実際に細胞が2つに分かれていく（ b ）期と，それ以外の（ c ）期の大きく2つに分けられる。（ c ）期は，さらに3つの段階に分けられる。まず，DNAの複製準備などが行われる（ d ）期，DNAの複製が行われる（ e ）期，さらにそのあとの（ f ）期である。

(1) （ a ）〜（ f ）に入る適語を①〜⑥から選び番号で答えよ。

　　①間　　②分裂　　③細胞周期　　④G₁　　⑤G₂　　⑥S

(2) 下線部の時期に関する記述として適当なものを選べ。

　　①DNAが複製され，染色体が形成される。

　　②この時期の1細胞当たりのDNA量は変化しない。

　　③母細胞の遺伝情報は，生じた2つの娘細胞に均等に分配される。

(3) 複製されたDNAには，もとのDNAの一方のヌクレオチド鎖がそのまま受け継がれている。このような複製のしくみは何と呼ばれるか。

28 まとめ ①②③

(1)a	b
c	d
e	f
(2)	
(3)	

全問正解したらチェック☑

第1節 遺伝情報とDNA

□ 思考

29. 体細胞分裂の観察 下に示した手順でタマネギの根端のプレパラートを作成し，観察した。図は，そのときのスケッチである。

[プレパラートの作成]

タマネギの根端を ₐ冷却した酢酸に10分間浸した後，ᵦ60℃に温めた塩酸に15秒間浸した。その後，根端をスライドガラス上にとり，ᵪ酢酸オルセイン溶液を2滴加え，カバーガラスとろ紙をかぶせた上から指で強く押した。

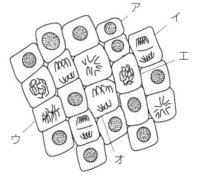

(1) 下線部a〜cの処理をそれぞれ何というか，次の語群から選べ。

【語群】　解離　　脱色　　固定　　染色

(2) 間期の細胞を図中ア〜オのなかから選べ。

(3) 一定の範囲内の100個の細胞について観察したところ，間期の細胞は91個，分裂期の細胞は9個であった。このタマネギの細胞周期が25時間であった場合，分裂期は何時間だと考えられるか。次の語群から最も適当なものを選べ。

【語群】　2時間　　5時間　　10時間　　15時間

29 まとめ ②

(1) a	
b	
c	
(2)	
(3)	

全問正解したらチェック☑

🔍 ヒント (1) 細胞を生きている状態の構造に近いままで残す操作を固定という。個々の細胞を分離する操作を解離という。
(3) ある時期にかかる時間の長さは，その時期の細胞数に比例すると考える。

✏ **まとめてみよう** まとめ ①

右の語群の語を使って空欄を20字以内でうめ，DNAの複製のしくみについてまとめた文を完成させよう。

【語群】
・相補性
・ヌクレオチド

もとの DNA が1本鎖となったところに，塩基の

ことで，新しい鎖がつくられる。

11 タンパク質の構造と働き／遺伝子の発現

•••••• 学習の **まとめ** ••••••••••••••••••••••••••••••••••••••

❶ からだを構成するタンパク質

生体にはさまざまなタンパク質が存在しており，それぞれ特定の働きをしている。たとえば，(^{1}　　　　　　)として化学反応を促進するものや，酸素の運搬に関わる(^{2}　　　　　　　　)などがある。タンパク質は(^{3}　　　　　　)が多数つながってできている。タンパク質をつくる(^{3}　　　　　　)は20種類あり，その種類や配列順序，総数の違いでタンパク質の種類が決まる。

❷ 遺伝子の発現

タンパク質の合成では，DNAの塩基配列は，まずRNAの塩基配列として写し取られ，これをもとにタンパク質の(^{3}　　　　)配列が決まる。DNAの塩基配列が(^{4}　　　　)されたり，タンパク質に(^{5}　　　　)されたりすることを遺伝子の(^{6}　　　　)という。

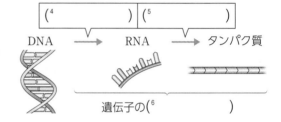

DNA ⟶ RNA ⟶ タンパク質

遺伝子の(^{6}　　　　　　)

❸ RNA

種類	糖の種類	塩基の種類	構造
DNA	デオキシリボース	アデニン(A)，チミン(T)，グアニン(G)，シトシン(C)	2本鎖
RNA	(^{7}　　　　　)	アデニン(A)，(^{8}　　　　)(U)，グアニン(G)，シトシン(C)	(^{9}　　)本鎖

❹ タンパク質合成のしくみ

(^{4}　　　　　　　)

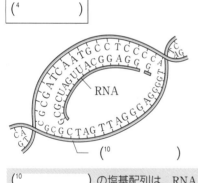

RNA

(^{10}　　　　　　)

(^{10}　　　　　　)の塩基配列は，RNAの塩基配列として写し取られる。

(^{5}　　　　　　)

GCUで指定される (^{3}　　　)

AGUで指定される (^{3}　　　)

(^{12}　　　　)で指定される (^{3}　　)

(^{13}　　　)

多数つながり，タンパク質となる。

アンチコドン

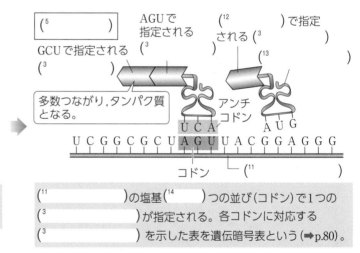

UCA　　　　AUG

UCGGCGCUAGUUACGGAGGG

コドン　　　　(^{11}　　　　)

(^{11}　　　　　)の塩基(^{14}　　)つの並び(コドン)で1つの(^{3}　　　　　　)が指定される。各コドンに対応する(^{3}　　　　　　)を示した表を遺伝暗号表という(➡p.80)。

WORD TRAINING ••••••••••••••••••••••••••••••••••••••

❶ 1つのアミノ酸を指定するmRNAの塩基3つの並びを何というか。　❶ _____

❷ mRNAの塩基配列からタンパク質がつくられることを何というか。　❷ _____

❸ 遺伝情報はDNA → RNA →タンパク質へと流れるという原則は何か。　❸ _____

30. タンパク質　次の①～④のなかから，正しいものを2つ選べ。

①タンパク質は，アミノ酸が多数鎖状につながった物質である。

②タンパク質をつくるアミノ酸は4種類ある。

③アミノ酸の種類や並び方によってタンパク質の種類が決まる。

④DNAには，タンパク質合成に必要な情報は含まれていない。

30	**まとめ ①**

全問正解したらチェック☑

31. DNA と RNA　次の①～⑤の文について，DNA だけに当てはまるものにはアを，RNA だけに当てはまるものにはイを，DNA と RNA の両方に当てはまるものにはウをそれぞれ答えよ。

①塩基と糖，リン酸からできている。　　②糖としてリボースをもつ。

③ヌクレオチドが多数つながって構成されている。

④塩基としてアデニン，チミン，グアニン，シトシンをもつ。

⑤1本鎖である。

31		**まとめ ③**
①	②	
③	④	
⑤		

全問正解したらチェック☑

32. 遺伝子の発現　下図は，DNA の遺伝情報にもとづき，タンパク質がつくられるまでの過程を模式的に示したものである。次の各問いに答えよ。

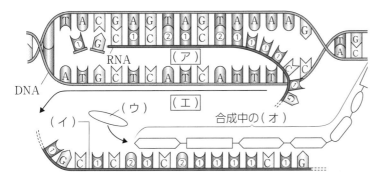

(1) （　）に当てはまる適語を語群からそれぞれ選べ。

　　DNA の塩基配列は，RNA に写し取られる。この過程を（　ア　）という。RNA のうち（　イ　）の塩基配列は，タンパク質の構造に関する情報をもち，塩基3つ分ずつ読み取られて指定される（　ウ　）の配列に置き換えられる。この過程は（　エ　）と呼ばれ，合成された長い（　ウ　）の鎖が（　オ　）となる。

【語群】　アミノ酸　　タンパク質　　mRNA　　転写　　翻訳

(2) 図中①，②に入る塩基は何か。アルファベットで答えよ。

32	**まとめ ②④**
(1) ア	
イ	
ウ	
エ	
オ	
(2) ①	
②	

全問正解したらチェック☑

✏ まとめてみよう

まとめ ②

右の語群の語を使って空欄を15字以内でうめ，遺伝子の発現についてまとめた文を完成させよう。

遺伝子の発現とは，DNA の塩基配列が

									10					15

されたりすることである。

【語群】
・転写
・タンパク質

第2節　遺伝情報とタンパク質の合成

12 細胞と遺伝子の働き

•••••学習の まとめ ••

◼ ゲノムと遺伝子

　その生物が自らを形成・維持するのに必要な最小限の遺伝情報の1組を(^{1}　　　　　　)という。ヒトの体細胞には，母親由来の(^{2}　　　)本と，父親由来の(^{2}　　　)本の計(^{3}　　　　)本の染色体が存在する。それぞれの23本の染色体に含まれる DNA は合計で約30億塩基対からなり，これがヒトの(^{1}　　　　　　)にあたる。このうち翻訳される部分は全体の約1.5％にすぎず，ここに約(^{4}　　　　　　)個の遺伝子が存在している。

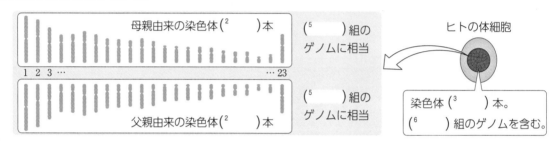

母親由来の染色体(^{2}　　)本

(^{5}　　　)組のゲノムに相当

1 2 3 …　　　　　　　… 23

(^{5}　　　)組のゲノムに相当

父親由来の染色体(^{2}　　)本

ヒトの体細胞

染色体(^{3}　　)本。
(^{6}　　)組のゲノムを含む。

◼ 細胞と遺伝子の働き

　分裂によって生じた細胞が，固有の形や働きをもつようになることを(^{7}　　　　　)という。(^{7}　　　　　)した細胞は，いずれも基本的に同じ(^{1}　　　　　)をもつ。

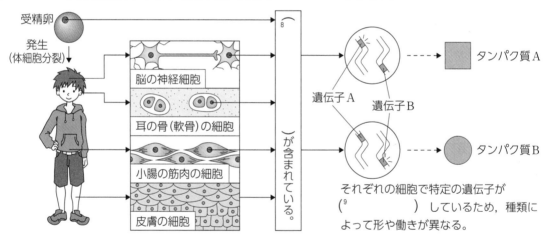

受精卵

発生
（体細胞分裂）

脳の神経細胞

耳の骨（軟骨）の細胞

小腸の筋肉の細胞

皮膚の細胞

(^{8}　　　　)が含まれている。

遺伝子A　　遺伝子B

タンパク質A

タンパク質B

それぞれの細胞で特定の遺伝子が
(^{9}　　　　　　)しているため，種類によって形や働きが異なる。

◼ クローン

(^{10}　　　　　　)…同じ(^{1}　　　　　)をもつ個体の集団。人為的につくることもできる。

╔══════════════════╗
║ WORD TRAINING ║
╚══════════════════╝ ••

❶生物の自らの形成・維持に必要最小限の遺伝情報を何というか。　　❶＿＿＿＿＿＿＿＿＿＿

❷細胞が特定の形態や機能をもつようになることを何というか。　　❷＿＿＿＿＿＿＿＿＿＿

❸同じゲノムをもつ個体の集団のことを何というか。　　❸＿＿＿＿＿＿＿＿＿＿

📖知識

33. ゲノムと遺伝子　下の文章を読んで，次の各問いに答えよ。

ヒトの体細胞は，（　a　）本の染色体をもち，（　b　）組のゲノムを含む。これは，父親に由来する精子と，母親に由来する卵に含まれる染色体数がそれぞれ（　c　）本で，これらの染色体に存在する全遺伝情報が（　d　）組のゲノムに相当するためである。また，ₐヒトのゲノム中には約（　e　）個の遺伝子が存在する。

(1)　a～eに適する数を下の語群から選んで答えよ。

【語群】　1　　2　　3　　4
　　　　18　　23　　36　　46
　　　　1万　　2万　　3万

(2)　下線部Aに関連して，遺伝子としてタンパク質に翻訳される部分の割合は右図のアとイのどちらか。

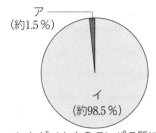

ア（約1.5％）

イ（約98.5％）

ヒトゲノム中のタンパク質に翻訳される部分の割合

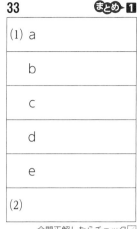

33	まとめ❶
(1) a	
b	
c	
d	
e	
(2)	

全問正解したらチェック☑

📖知識

34. 遺伝子と形質　下の文章を読んで，次の各問いに答えよ。

ヒトのからだをつくるすべての細胞は，①（a 娘細胞・b 受精卵）という1個の細胞が分裂して生じたものである。このため，すべての体細胞のもつ遺伝情報は，基本的にみな②（a 同じである・b 異なる）。脳の神経細胞や皮膚の細胞，軟骨細胞など，細胞によって形や働きが異なるのは，それぞれの細胞で③（a 発現する遺伝子が異なる・b もっている遺伝子が異なる）ためである。

(1)　文中（　　）内のa，bから適当なものを選び記号で答えよ。

(2)　表の①～④にはアとイのそれぞれどちらが当てはまるか。

	インスリン遺伝子	アミラーゼ遺伝子
すい臓のランゲルハンス島B細胞	①	②
だ腺細胞	③	④

ア．発現している　　イ．発現していない

(3)　下線部のように，分裂によって生じた細胞が，もとの細胞とは異なる固有の形や働きをもつようになることを何というか。

34	まとめ❷
(1) ①	
②	
③	
(2) ①	
②	
③	
④	
(3)	

全問正解したらチェック☑

✏️ **まとめてみよう**　まとめ❶

右の語群の語を使って空欄を25字以内でうめ，ゲノムについてまとめた文を完成させよう。

【語群】
・形成・維持
・遺伝情報
・組

その生物が自らを

									10

をゲノムという。

13 第2章　章末問題

📖知識

35. 染色体とDNA　下図は，真核細胞の核と核内の構造を模式的に示したものである。

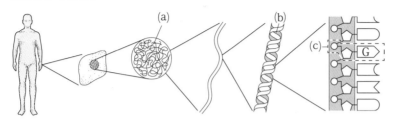

(1)　核内で糸状に分散している図中(a)を何というか。

(2)　細胞分裂の際，図中(a)は凝縮して太く短くなる。ヒトの体細胞の場合，これは細胞1個当たり何本みられるか。

(3)　図中(b)は，(a)を構成する物質の1つである。(b)の名称を答えよ。

(4)　図中(b)の構造は，その鎖の数や形などから何と呼ばれるか。

(5)　(4)の構造を提唱した2人の科学者の名前を答えよ。

(6)　図中(c)のような糖・リン酸・塩基からなるものをまとめて何と呼ぶか。

(7)　図中(b)に含まれる4種類の塩基をアルファベットですべて答えよ。

(8)　図中(c)の塩基と相補的に結合する塩基を答えよ。

💭思考

36. DNAの複製・分配　右図は，動物細胞の細胞周期の過程を模式的に示している。

(1)　図中ア～エの時期の名称をそれぞれ答えよ。

(2)　図中ア～ウのうち，DNAが複製される時期はどれか。記号で答えよ。

(3)　次の①～③のうち，DNAの複製のようすとして適当なものを選べ。

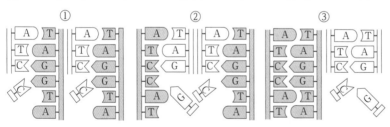

▨：もとのヌクレオチド鎖　▢：新しく合成されたヌクレオチド鎖

(4)　タマネギの根の細胞を観察し，一定の範囲内の120個の細胞について各時期の細胞数を調べたところ，右表のようになった。細胞周期が合計24時間であるとすると，分裂期の時間は何時間か。次の語群より選べ。

【語群】　148時間　20時間　4時間　2時間

時期	細胞数
間期	100
前期	10
中期	6
後期	1
終期	3

35

(1)	
(2)	
(3)	
(4)	
(5)	
(6)	
(7)	
(8)	

全問正解したらチェック☑

🔍ヒント　(2)　ヒトでは，両親からそれぞれ23本の染色体を受け継ぐ。

36

(1)ア	
イ	
ウ	
エ	
(2)	
(3)	
(4)	

全問正解したらチェック☑

🔍ヒント　(4)　分裂期には前期・中期・後期・終期が含まれる。

□知識

37. 遺伝子の発現
次の図は，DNA の塩基配列に従って，タンパク質がつくられるようすを模式的に示したものである。

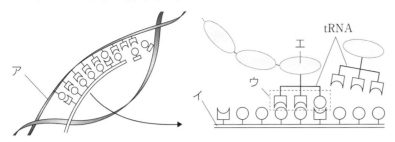

(1) 図中ア〜エの名称をそれぞれ答えよ。

(2) 図中アの塩基に関する次の①〜④のうち，正しいものを１つ選べ。
　①A：G，C：T はそれぞれ１：１になる。
　②A：T，G：C はそれぞれ１：１になる。
　③A：C，G：T はそれぞれ１：１になる。
　④(A＋T)：(G＋C)は，１：１になる。

(3) (2)のような法則性を発見したのは，①〜④のうち誰か。
　①グリフィス　　②エイブリー　　③シャルガフ　　④ウィルキンス

(4) 図中アの「A　G　C　T」に相補的に結合する図中イの塩基配列を答えよ。

(5) アからイがつくられる過程を何というか。

(6) イのある範囲に並ぶ塩基数が210個であるとすると，エを最大何個指定することになるか。ただし，終止コドンは含まれないものとする。

(7) 次の文中(　　)のa，bから適切なものを選び，記号で答えよ。
　　無性生殖によってふえた個体は，①(a　一部・b　すべて)同じ遺伝情報をもつクローンである。現在，有性生殖を行う哺乳類でも，人為的にクローンをつくることができる。除核した未受精卵に，乳腺などの体細胞から取り出した核を移植し特殊な処置を施すと，発生を開始し，核を提供した個体と②(a　同じ・b　異なる)ゲノムをもつ個体が生まれることがある。これは，生物のからだの③(a　どの細胞にも同じ遺伝情報が含まれている・b　場所によって含まれる遺伝情報が異なる)ことを示している。

💭思考

38. 遺伝子とタンパク質
次の各問いに答えよ。

(1) タンパク質を説明した文として正しいものを１つ選べ。
　①ヌクレオチドが多数つながってできている。
　②アミノ酸が多数つながってできている。
　③グルコースが多数つながってできている。
　④アデニンとリボース，リン酸からなる。

(2) 生物の体細胞がもつゲノムは，基本的にすべて同じなのにも関わらず，細胞の形や働きが異なるのはなぜか，25字以内で説明せよ。

									10								
	20							25									

37

(1)	ア
	イ
	ウ
	エ
(2)	
(3)	
(4)	

A	G	C	T

(5)	
(6)	
(7)①	
②	
③	

全問正解したらチェック☑

🔍ヒント　(2) DNA の２本鎖では，AがTに，GがCに相補的に結合している。

38

(1)	

全問正解したらチェック☑

🔍ヒント　(2) たとえば，だ腺細胞では，アミラーゼが合成されるが，胃で働く酵素であるペプシンは合成されない。

14 恒常性と情報の伝達

•••••• 学習の **まとめ** •••••••••••••••••••••••••••••••••

■ からだの調節

私たちのからだでは，たとえば気温が大きく低下しても体温は一定以下にならないように調節されるなど，体内が安定な状態に保たれている。このような，体内の状態を一定の範囲内に保とうとする性質を，（¹　　　　　　），または（²　　　　　　　　　）という。

ヒトの場合，血液中のイオンや有機物の濃度，体温などが一定の範囲内に保たれている。

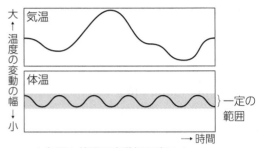

◀ **気温と体温の変動幅の違い** ▶

■ 体内環境と情報の伝達

・（³　　　　　　　）：細胞にとっての環境。血管内にある（⁴　　　　　　　），細胞や組織の間を満たす（⁵　　　　　　　），リンパ管内にある（⁶　　　　　　　）がある。

体液の種類	
毛細血管 ---- （⁴　　　）	↑
血管外にしみ出る。↓　再吸収	
（⁵　　　）	
↓	
リンパ管 ---- （⁶　　　）	

3種類の体液は循環している。

さまざまな器官・組織の変化の情報が（⁷　　　　　）に伝わり，ここからさまざまな命令の情報が伝達される。体内での情報伝達のしくみには，（⁸　　　　　　　）や（⁹　　　　　　　）が関わっている。

脚での運動 →	脚の筋肉 酸素を消費 →	血液中 二酸化炭素濃度 増加	からだの 変化の情報 →	（⁷　　　）	拍動を促進する 命令の情報 →	心臓 拍動数増加

◀ **運動によって心臓の拍動数が増加するときの流れ** ▶

WORD TRAINING ••••••••••••••••••••••••••••••••••••

❶体内の環境を一定の範囲内に保とうとする性質を何というか。　　❶ _____

❷細胞が体液に浸されている環境を外部環境に対して何というか。　　❷ _____

❸細胞や組織の間を満たす体液を何というか。　　❸ _____

❹情報伝達に関わるしくみには，自律神経系のほかに何があるか。　　❹ _____

📖知識

39. 内部環境と体液　次の文を読み，下の各問いに答えよ。

多細胞生物の体内の細胞のまわりは，（　ア　）と呼ばれる液体で満たされている。この（　ア　）は体内環境と呼ばれ，外部環境が変化しても，その成分濃度などはつねに一定の範囲内に維持されている。この性質を（　イ　）という。脊椎動物の（　ア　）は，血管内を流れる（　ウ　），細胞や組織の間を満たす（　エ　），リンパ管内にある（　オ　）の３種類に分けられる。

(1) 上の文の（　）に当てはまる語を下の語群のなかから選べ。

【語群】　血液　　体液　　組織液　　リンパ液　　恒常性

(2) 次のa～cは，それぞれ(1)の語群のどれと関係する記述か。

a．細胞と直接，酸素や栄養分，老廃物などのやり取りをする。

b．組織液の一部がリンパ管内に入ったもの。

c．ホメオスタシスと呼ばれることもある。

(3) 次の①～④のなかから正しいものを１つ選べ。

①アメーバのような単細胞生物は，環境の影響を受けない。

②３種類の体液は，完全に別々のもので混じり合うことはない。

③体内の温度変化は，外部環境の変化よりも大きい。

④ヒトの血液中では，イオン濃度が一定の範囲内に保たれるように，濃度を上昇させようとする作用や低下させようとする作用が働く。

39 まとめ▶1 2

(1) ア	
イ	
ウ	
エ	
オ	
(2) a	
b	
c	
(3)	

全問正解したらチェック☑

📖知識

40. 恒常性と情報伝達　次の文章を読み，下の各問いに答えよ。

踏み台昇降運動を行うと，（　ア　）の細胞が酸素を消費し，血液中の酸素濃度が減少して二酸化炭素濃度が増加する。こうした変化の情報は（　イ　）に伝わり，拍動を促進させる情報が（　イ　）から（　ウ　）へ伝えられる。このように，体内環境を保つために体内ではさまざまな情報伝達が行われている。このような調節は，（　エ　）や，（　オ　）によって，意思とは無関係におこる。

(1) 上の文の（　）に当てはまる語を下の語群のなかから選べ。

【語群】　自律神経系　　内分泌系　　リンパ液　　脚の筋肉
　　　　　体液　　　　　肺　　　　心臓　　　　脳

(2) ヒトにおいて，体内環境とは何に相当するか。(1)の語群のなかから選べ。

40 まとめ▶2

(1) ア	
イ	
ウ	
エ	
オ	
(2)	

全問正解したらチェック☑

✏️ まとめてみよう

まとめ▶1

右の語群の語を使って空欄を15字以内でうめ，恒常性についてまとめた文を完成させよう。

【語群】
・範囲内
・性質

気温が大きく低下しても体温が一定以下にならないように

調節されるなど，体内の状態を

									10					15

を恒常性という。

15 神経系／自律神経系の働き

•••••学習の **まとめ** •••

❶ 神経系

ヒトの神経系は（¹　　　　　）神経系と末梢神経系に分けられる。末梢神経系である自律神経系は間脳の（²　　　　　）などからの情報を受けて，意思とは（³　　　　　）に働く。

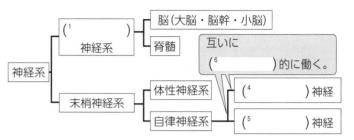

❷ 心臓の拍動調節

心臓の拍動は，運動などによって消費された（⁷　　　　　）や，生じた（⁸　　　　　）の血液中の濃度変化の情報に応じて調節される。

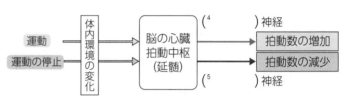

❸ 自律神経系の働きと分布

- （⁴　　　　　）神経：（⁹　　　　　）の胸・腹・腰部から出る。活動状態や緊張状態で優位に働く。
- （⁵　　　　　）神経：（¹⁰　　　　　），延髄，（⁹　　　　　）の尾部から出る。食物の消化吸収など，安静な状態やくつろいだ状態で優位に働く。

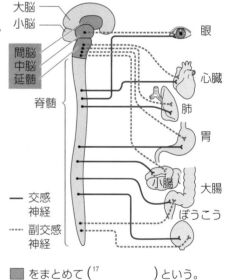

	（⁴　　　）神経	（⁵　　　）神経
瞳孔	（¹¹　　　）	（¹²　　　）
汗腺	促進	分布なし
胃のぜん動運動	（¹³　　　）	（¹⁴　　　）
ぼうこう（排尿）	（¹⁵　　　）	（¹⁶　　　）

多くの器官では両方が対になって分布している。

■ をまとめて（¹⁷　　　　　）という。

WORD TRAINING ••

❶ヒトの神経系は大きく中枢神経系と何に分けられるか。　　❶

❷交感神経と副交感神経をまとめて何というか。　　❷

❸交感神経と副交感神経の中枢は間脳のどこか。　　❸

❹間脳，中脳，延髄をまとめて何というか。　　❹

📖知識
41. 神経の分類 文章中の（　）に入る適語を下の語群からそれぞれ選べ。

ヒトの神経系は大きく中枢神経系と（　ア　）系に分けられる。中枢神経系はさらに脳と（　イ　）に分けられ，脳は（　ウ　），脳幹，小脳に分けられる。脳幹には，自律神経系やホルモン分泌の中枢がある。脳幹を含む脳全体の機能が不可逆的（ふ か ぎゃくてき）に失われた状態を（　エ　）といい，この状態では，薬剤や人工呼吸器を用いなければ，やがて心臓が停止する。

一方（　ア　）系は体性神経系と（　オ　）系に分けられる。体性神経系は，反射や意思にもとづく運動などに関わり，（　オ　）系は，間脳の（　カ　）などからの情報を受けて意思とは無関係に働く。

【語群】　末梢神経　視床下部　脊髄　自律神経　脳死　大脳

41	まとめ 1
ア	
イ	
ウ	
エ	
オ	
カ	

全問正解したらチェック☑

📖知識
42. 自律神経系の構造 自律神経系について，次の各問いに答えよ。
(1) 図中a，bの神経の名称と，c〜eの中枢の名称を次の語群からそれぞれ選べ。

【語群】　間脳　中脳　延髄　交感神経　脊髄　副交感神経

(2) 次の①〜⑫の反応のうち，交感神経が関与しているものと，副交感神経が関与しているものをそれぞれ4つずつ選べ。

①顔面がそう白になる。
②呼吸が激しくなる。
③目を閉じる。
④気管支が収縮する。
⑤瞳孔が縮小する。
⑥生物の問題を解く。
⑦胃の活動が活発になる。
⑧静かに音楽を聞く。
⑨足の指を動かす。
⑩心臓の拍動数が増加する。
⑪冷や汗が出る。
⑫排尿を促進する。

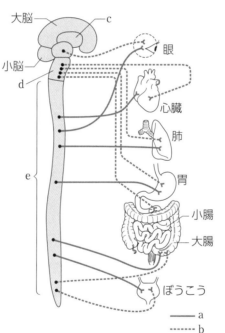

大脳　c　眼　小脳　d　心臓　肺　胃　小腸　大腸　ぼうこう　e

―――― a
------- b

42	まとめ 2 3
(1) a	
	b
	c
	d
	e
(2)	〈交感神経〉
	〈副交感神経〉

全問正解したらチェック☑

ヒント　交感神経と副交感神経は互いにきっ抗的に働く。

✏️ **まとめてみよう**　まとめ 1

右の語群の語を使って空欄を25字以内でうめ，自律神経系についてまとめた文を完成させよう。

【語群】
・視床下部など
・受けて
・無関係

末梢神経系である自律神経系は，間脳の

									10
	20			25	**に働く。**				

33

16 ホルモンの働き

••••• 学習の まとめ ••

1 ホルモンによる体内環境の調節

からだの調節には，自律神経系とともに（¹　　　　　　　）も関わっている。（²　　　　　　　）から血液中へ分泌される物質を（³　　　　　　　）という。

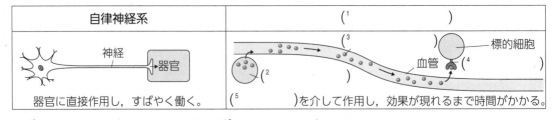

自律神経系	（¹　　　　　　　　　）
神経　器官	（³　　　　） 標的細胞 血管（⁴　　　　） （²　　　）
器官に直接作用し，すばやく働く。	（⁵　　　　）を介して作用し，効果が現れるまで時間がかかる。

・（⁶　　　　　　　）：脳の神経細胞が（³　　　　　　　）を分泌する現象。

2 ホルモンの働き

何かに恐怖を感じると，（⁷　　　　　　　）によって心臓の拍動が促進される。また，同時に（⁸　　　　　　　）というホルモンが副腎（⁹　　　　　　　）から分泌され，これによっても心臓の拍動が促進される。

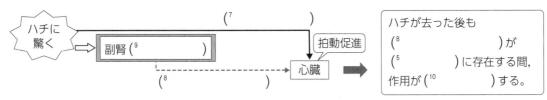

ハチに驚く ⇒ 副腎（⁹　　　　　） ―（⁷　　　　　）→ 拍動促進 心臓

ハチが去った後も（⁸　　　　　　　）が（⁵　　　　　）に存在する間，作用が（¹⁰　　　　　）する。

3 ホルモンの分泌調節

間脳の視床下部や（¹¹　　　　　　　）前葉は，ホルモンの分泌量の調節の中枢である。（¹²　　　　　　　）からチロキシンが分泌され，その血液中の濃度が上昇すると，チロキシンが間脳の視床下部や（¹¹　　　　　　　）前葉に働きかけ，チロキシンの分泌を抑制する（（¹³　　　　　　　））。

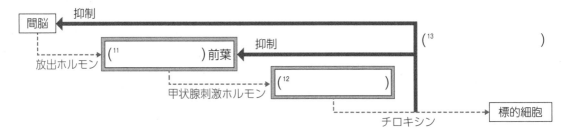

間脳　抑制
放出ホルモン　（¹¹　　　　　　）前葉　抑制
甲状腺刺激ホルモン　（¹²　　　　　　）
（¹³　　　　　　）
チロキシン　標的細胞

```
WORD TRAINING
```
••

❶ホルモンを分泌する腺を何というか。　　　　　　　❶＿＿＿＿＿＿＿＿＿＿

❷特定のホルモンを受容する受容体を持つ細胞を何というか。　❷＿＿＿＿＿＿＿＿＿＿

❸チロキシンは体内で何を促進する作用を示すか。　　❸＿＿＿＿＿＿＿＿＿＿

❹一連の結果が原因にさかのぼって調節することを何というか。　❹＿＿＿＿＿＿＿＿＿＿

43. **ホルモンの特徴**　下の文を読んで，次の各問いに答えよ。

　　脳下垂体前葉や副腎髄質などの（　ア　）から分泌される（　イ　）は，
（　ウ　）によって全身に運ばれ，（　エ　）と呼ばれる特定の細胞に作用
する。（　エ　）には，（　イ　）と結合する（　オ　）がある。（　オ　）に
（　イ　）が結合すると（　エ　）に特定の反応が現れる。

(1)　文章中の（　　）に入る適語を下の語群からそれぞれ選べ。

　　【語群】　標的細胞　　受容体　　神経分泌　　血液　　内分泌系
　　　　　　内分泌腺　　ホルモン

(2)　次の①～④のなかから，誤っているものを1つ選べ。
　　①からだの調節には，自律神経系だけでなく内分泌系も関わっている。
　　②ホルモンによる調節は血液を介するため，自律神経系と比べ効果が
　　　現れるまでに時間がかかり，持続性がある。
　　③感覚神経からホルモンが分泌される現象を神経分泌という。
　　④ホルモンはわずかな量で細胞の働きを調節することができる。

43	まとめ **1**
(1) ア	
イ	
ウ	
エ	
オ	
(2)	

全問正解したらチェック☑

44. **ホルモンの分泌量の調節**　下の図を参考に，次の各問いに答えよ。

(1)　ホルモンa，bは何か。①～④のなかから選べ。
　　①甲状腺刺激ホルモン
　　②チロキシン
　　③放出ホルモン
　　④アドレナリン

(2)　ホルモンの分泌には，器官
　　A，Bが重要な役割を果たす。
　　A，Bはそれぞれ何か。①～
　　④のなかから選べ。
　　①間脳の視床下部　②小脳
　　③脊髄　　④脳下垂体前葉

(3)　次の場合，ホルモンa，bの分泌量はどうなるか，正しい方を選べ。
　　㋐　ホルモンbの増加→ホルモンaの（①増加・②減少）
　　㋑　ホルモンbの減少→ホルモンaの（①増加・②減少）

(4)　(3)のように，結果が原因にさかのぼって働くしくみを何というか。
　　下の語群のなかから選べ。
　　【語群】　促進作用　　フィードバック　　ホルモン　　内分泌腺

44	まとめ **2** **3**
(1) a	
b	
(2) A	
B	
(3) (㋐)	
(㋑)	
(4)	

全問正解したらチェック☑

ヒント　ホルモンaは，甲
状腺に働きかけてホルモン
bの分泌を促す。

✏️ **まとめてみよう**　　　　　　　　　　　　　　　　まとめ **3**

右の語群の語を使って空欄を20字以内でうめ，チロキシンの分泌量調
節についてまとめた文を完成させよう。

【語群】
・間脳
・脳下垂体

チロキシンの血液中の濃度が上昇すると，チロキシンが

，チロキシンの分泌量を抑制する。

35

17 血糖濃度の調節

・・・・・学習の **まとめ** ・・・

❶ 血糖濃度の維持

　血液中のグルコースを (¹　　　　　) といい，細胞の呼吸によって消費される。その濃度は，(²　　　　　) のランゲルハンス島と間脳の (³　　　　　) によって感知され，一定の範囲内 (空腹時において血液100 mL あたり約100 mg) に保たれている。

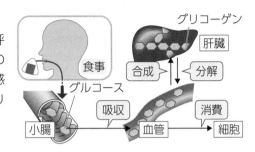

❷ 血糖濃度の調節のしくみ

①空腹時 (低血糖時) に血糖量を上昇させる

グルカゴン	(⁴　　　　　) 神経や血糖が減少した血液の刺激で (²　　　　　) のランゲルハンス島 (⁵　　　) 細胞から分泌される。
アドレナリン	(⁴　　　　　) 神経の刺激で (⁶　　　　　) 髄質から分泌される。
作用	肝臓などの (⁷　　　　　) を (⁸　　　　　) に分解する反応を促す。

②空腹時 (持続的な低血糖時) に血糖量を上昇させる

糖質コルチコイド	脳下垂体前葉から分泌される (⁶　　　　　) 皮質刺激ホルモンの働きによって (⁶　　　　　) 皮質から分泌される。
作用	からだの組織のタンパク質を (⁸　　　　　) に分解する反応を促す。

③食事後 (高血糖時) に血糖濃度を低下させる

インスリン	(⁹　　　　　) 神経や血糖を多く含む血液の刺激で (²　　　　　) のランゲルハンス島 (¹⁰　　　) 細胞から分泌される。
作用	肝臓でのグルコースから (⁷　　　　　) の合成を促す。また，細胞でのグルコースの吸収，分解を促す。

❸ 糖尿病

症状　食事などで増加した血糖濃度が正常に (¹¹　　　　　) せずに高血糖の状態が長く続く。

原因　1型糖尿病：(²　　　　　) のランゲルハンス島 (¹⁰　　　) 細胞が白血球によって破壊され，(¹²　　　　　) がほとんど分泌されない。

　　　2型糖尿病：1型以外の理由で (¹²　　　　　) がほとんど分泌されない。または (¹²　　　　　) が分泌されても標的細胞がその作用を受けにくい。

治療　食後の (¹²　　　　　) 注射，食事制限や運動で血糖濃度を (¹¹　　　　　) させる。

WORD TRAINING ・・・

❶血液中のグルコースのことを何というか。　　　　　　❶ _____

❷肝臓でグルコースを貯蔵するときにつくられる物質を何というか。　❷ _____

❸血糖濃度の調節に関わる内分泌腺は副腎とすい臓のどこか。　❸ _____

45. 血糖濃度の調節

図は，血糖濃度調節の模式図である。次の各問い
の答えを下の①～⑫のなかからそれぞれ選び，記号で答えよ。

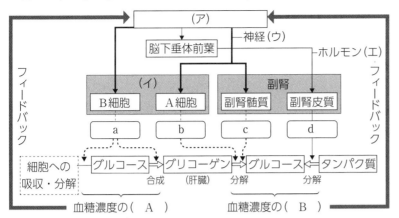

(1) 血糖濃度調節の中枢として働く図中(ア)の名称を答えよ。

(2) 内分泌腺である図中(イ)の名称を答えよ。

(3) 図中(イ)のA細胞や副腎髄質に作用する神経(ウ)は何か。

(4) 副腎皮質に作用するホルモン(エ)は何か。

(5) 図中a～dに当てはまるホルモンの名称をそれぞれ答えよ。

(6) 図中(A)，(B)に入る血糖濃度の変化を表す語をそれぞれ選べ。

①すい臓のランゲルハンス島　　②間脳の視床下部　　③交感神経

④副交感神経　　⑤インスリン　　⑥糖質コルチコイド

⑦アドレナリン　　⑧グルカゴン　　⑨副腎皮質刺激ホルモン

⑩低下　　　　　⑪変化なし　　　⑫上昇

📖知識

46. 糖尿病

糖尿病には1型と2型の2種類がある。次の文のうち1型
にあてはまるものは1，2型にあてはまるものは2，両方にあてはまる
ものは○，どちらにもあてはまらないものは×と答えよ。

①ランゲルハンス島B細胞が白血球に破壊され，インスリンがほとんど
合成されない。

②インスリンの標的細胞が反応しにくい。

③グルコースが細胞に過剰に取り込まれ，血糖濃度の低い状態が長期間
続く病気である。

④低血糖を防ぐために，軽食をとって血糖濃度を維持させることがある。

✏ まとめてみよう

まとめ-**1**

右の語群の語を使って空欄を20字以内でうめ，血糖濃度の調節につい
てまとめた文を完成させよう。

血糖濃度は主にすい臓のランゲルハンス島と間脳の

に保たれている。

【語群】

・感知

・一定の範囲内

---

45 まとめ-**1 2**

(1)	
(2)	
(3)	
(4)	
(5) a	
b	
c	
d	
(6) (A)	
(B)	

全問正解したらチェック☑

ヒント グリコーゲンをグ
ルコースに分解するホルモ
ンは2つ，タンパク質をグ
ルコースに分解するホルモ
ンは1つある。

46 まとめ-**3**

①	
②	
③	
④	

全問正解したらチェック☑

18 体温の調節／内分泌系による水分調節

•••••• 学習の **まとめ** •••

1 体温の調節

ヒトの体温は，発熱量と放熱量がつり合っているため，36〜37℃の範囲内でほぼ一定に保たれている。

■体温が低下したとき

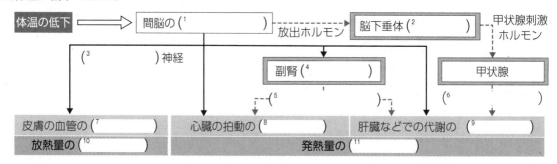

■体温が上昇したとき

(^{12}　　　　　　　) 神経の働きによって，心臓の拍動や肝臓での代謝が (^{13}　　　　　　) され，発熱量が (^{14}　　　　　　) する。また，皮膚の血管が拡張したり，汗の分泌が盛んになったりすることで，放熱量が (^{15}　　　　　　) する。これらの働きによって，体温が低下する。

2 腎臓による水分調節

腎臓は尿を生成する器官で，体液中の水分量やイオン濃度を調節して体内環境の維持に働く。

体内の水分量は集合管で水の再吸収を促進する (^{16}　　　　　　　　) の作用によって調節される。

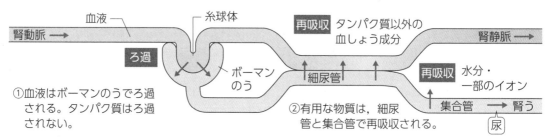

■発汗などにより，血液中のイオン濃度が上昇したとき

間脳の (^{1}　　　　　　　) が血液中のイオン濃度の上昇を感知し，脳下垂体 (^{17}　　　　　　) からの (^{16}　　　　　　　　) の分泌を促進する。

→水の再吸収によって血液中のイオン濃度が低下すると，(^{18}　　　　　　　　　) によって，(^{16}　　　　　　　　) の分泌が低下し，水の再吸収は (^{19}　　　　　) される。

WORD TRAINING ••

❶心臓の拍動や肝臓などの代謝を促進するホルモンは何か。　　　❶_____

❷バソプレシンを分泌するのはどこか。　　　❷_____

❸腎臓に多数存在する，機能上の単位のことを何というか。　　　❸_____

📖知識

47. 体温の調節 次の①～④は，からだの表面からの放熱量を調節する働きについて述べたものである。体温が上昇したときにみられる働きをA，体温が低下したときにみられる働きをBに分類せよ。

①皮膚の血管が拡張する。

②骨格筋の収縮により，からだのふるえを生じさせる。

③皮膚の血管を収縮させる。

④汗の分泌を盛んにする。

47	まとめ①
①	②
③	④

全問正解したらチェック☑

📖知識

48. 体温の調節とホルモンの働き 下の文章は，体温調節とホルモンの働きについて述べたものである。次の各問いに答えよ。

　ヒトでは，体温が低下すると，間脳の（　ア　）にある体温調節の中枢から情報が発せられ，（　イ　）神経を通じて副腎髄質に伝えられる。副腎髄質からは（　ウ　）が分泌され，これによって心臓の拍動や代謝が促進され，発熱量が増加する。また，中枢からの情報は脳下垂体（　エ　）にも伝えられ，甲状腺刺激ホルモンの分泌が促進される。甲状腺刺激ホルモンは，甲状腺に作用して（　オ　）の分泌を促す。

(1) 文中の（　）に入る適語を下の語群から選んで用語を答えよ。

　【語群】　副交感　　交感　　前葉　　アドレナリン　　視床下部
　　　　　　チロキシン　　インスリン

(2) （　イ　）神経が直接働きかけて生じる反応として，適当なものを①～④のなかからすべて選べ。

　①肝臓などの代謝の抑制　　②皮膚の血管の収縮

　③心臓の拍動の促進　　　　④心臓の拍動の抑制

48	まとめ①
(1) ア	
イ	
ウ	
エ	
オ	
(2)	

全問正解したらチェック☑

📖知識

49. 内分泌系による水分調節 右図は，ヒトの水分量の調節について表したものである。次の各問いに答えよ。

(1) 水の再吸収を促進するために，脳下垂体後葉から分泌されるホルモン（ア）は何か。

(2) 腎臓の働きによってイオン濃度が低下すると，間脳視床下部に伝達され，（ア）の分泌が抑制される。この調節のしくみを何というか。

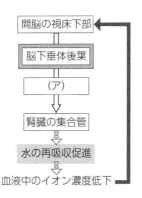

間脳の視床下部

脳下垂体後葉

（ア）

腎臓の集合管

水の再吸収促進

血液中のイオン濃度低下

49	まとめ②
(1)	
(2)	

全問正解したらチェック☑

✏ まとめてみよう　　　　　　　　　　　　　　　　　　　　　まとめ①

右の語群の語を使って空欄を20字以内でうめ，体温がほぼ一定の範囲内に保たれるしくみについてまとめた文を完成させよう。

【語群】
・発熱量
・放熱量

ヒトの体温は，

，ほぼ一定の範囲内に保たれている。

19 からだの調節と血液の働き

•••••• 学習の **まとめ** ••

１ 血液とからだの調節

血液は，細胞成分の（¹　　　　　）と液体成分の（²　　　　　　　　）からなる。血液の循環によって，栄養分，酸素，ホルモンや，尿素のような不要な物質などが運搬されている。

		大きさ（直径）	数（個/mm³）	特徴と働き
細胞成分	（³　　　　）	7〜8μm	380万〜570万	ヘモグロビンを多く含み，（⁴　　　　　）を運搬する。
	（⁵　　　　）	6〜15μm	4000〜9000	免疫などに関与する。
	血小板	2〜4μm	15万〜40万	（⁶　　　　　）に関与する。
液体成分	（⁷　　　　）	—	—	血球や栄養分などを運搬する。

２ 血液凝固と線溶

■ヒトのからだは，血管が傷ついて出血すると，傷口で（⁶　　　　　）が起こる。

①血管が傷つき，出血する。

②血液中の（⁸　　　　　）が傷口に集まってかたまりをつくる。

③血しょう中に形成される繊維状の（⁹　　　　　）が，血球を絡めて凝集し，（¹⁰　　　　　）をつくることで，傷口をふさぐ。止血されている間に，血管が修復される。

（¹⁰　　　　　）は，血液を静置しても生じる。（¹⁰　　　　　）を除いた液体は，（¹¹　　　　　）という。

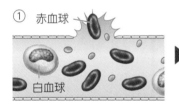

① 赤血球

白血球

血管が破れて出血する。

② （⁸　　　　　）のかたまり

血液中の（⁸　　　　　）が集まってかたまりをつくる。

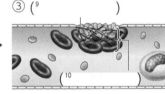

③ （⁹　　　　　）

（¹⁰　　　　）

（⁹　　　　　）が血球を絡めて（¹⁰　　　　　）をつくることで失血を防ぐ。

■（¹²　　　　　）（フィブリン溶解とも呼ぶ。）

（⁹　　　　　）を分解する酵素によって（¹⁰　　　　　）が分解される。

WORD TRAINING ••

❶血液中の細胞成分を何というか。　　　　　　　　　　❶＿＿＿＿＿＿＿

❷血液中の液体成分を何というか。　　　　　　　　　　❷＿＿＿＿＿＿＿

❸血管が傷つくと最初に傷口に集まってかたまりをつくる血球は何か。　❸＿＿＿＿＿＿＿

❹傷口をふさぐ一連の現象を何というか。　　　　　　　❹＿＿＿＿＿＿＿

❺血ぺいが分解されることを何というか。　　　　　　　❺＿＿＿＿＿＿＿

50. 血液の組成 次のア〜オの文は，ヒトの血液成分について説明したものである。それぞれ，赤血球，白血球，血小板，血しょうのどれを説明したものか答えよ。ただし，同じものを答えてもよい。

ア．出血したときに，血液の凝固因子を放出する。
イ．液体成分であり，血球や栄養分などを運搬する。
ウ．体内に入った異物を捕食し，免疫に関与する。
エ．ヘモグロビンを含み，酸素を運搬する。
オ．細胞成分のうち，最も多く血液に含まれる。

50 まとめ **1**

ア	
イ	
ウ	
エ	
オ	

全問正解したらチェック☑

51. 血液凝固と線溶 次の文章を読み，下の各問いに答えよ。ただし，答えはすべて下の語群から選べ。

出血すると，まず，血管の破れたところに（ ア ）が集まってかたまりをつくる。次に，（ ア ）から放出される凝固因子などの作用によって，（ イ ）という繊維状のタンパク質が形成される。（ イ ）は，網目状になって（ ウ ）をからめとり，（ エ ）となる。これが傷口をふさぎ，止血する。また，血管内にできた（ エ ）は，やがて（ イ ）を分解する酵素によって取り除かれる。これを（ オ ）という。

(1) 文章中の（ ）に当てはまる適語を答えよ。
(2) エができる現象を何というか。
(3) エは，採血した血液を試験管に入れて置いておくことでも生じる。このとき生じる，淡黄色の液体を何というか。

【語群】 血小板 血球 フィブリン 血ぺい 血液凝固
線溶 血清

51 まとめ **2**

(1) ア	
イ	
ウ	
エ	
オ	
(2)	
(3)	

全問正解したらチェック☑

52. からだの調節と血液の働き 次の①〜⑤のなかから，正しいものを2つ選べ。

①転んでひざをすりむくと，血小板のみがかさぶたになる。
②血管内に生じた血ぺいがはがれ，肺の血管に詰まって呼吸困難などになることを「エコノミークラス症候群」という。
③静置した血液は，何も処置をしなければ血ぺいを生じる。
④赤血球がつくりだす繊維状のタンパク質は，フィブリンと呼ばれる。
⑤血液の成分で血球に分類されるのは，赤血球，白血球，血しょうである。

52 まとめ **1 2**

全問正解したらチェック☑

まとめてみよう まとめ **2**

右の語群の語を使って空欄を20字以内でうめ，血液凝固のしくみについてまとめた文を完成させよう。

血しょう中に形成される繊維状のフィブリンが，

ことで，傷口をふさぐ。

【語群】
・血球
・凝集
・血ぺい

41

20 病原体からからだを守るしくみ

•••••• 学習の **まとめ** •••

1 物理的な防御・化学的な防御

■物理的な防御

・皮膚の最外層は硬い（¹　　　　　　）となっている。

・気管や消化管の粘膜は（²　　　　　　）を分泌している。

■化学的な防御

・汗や皮脂，胃液は（³　　　　）性で，微生物の増殖を妨げる。

・涙やだ液などには（⁴　　　　　　　），皮膚や粘膜上皮に

は（⁵　　　　　　）など殺菌作用をもつ物質が存在する。

病原体

皮膚　　（¹　　　　　　）
（死んだ細胞
の層）

2 免疫

　生体防御のうち，体内に侵入した病原体が（⁶　　　　　　　）
の働きによって排除されるしくみを（⁷　　　　　）と呼ぶ。
　（⁶　　　　　　）は，リンパ節や（⁸　　　　　　），
（⁹　　　　　）に多く存在し，さまざまな種類がある。

へんとう　扁桃
こつずい　骨髄　リンパ節
（⁸　　　　　）
（⁹　　　　　）
パイエル板

3 白血球

	マクロファージ	 異物 → → 分解	強い殺菌作用と，（¹¹　　　　）を引き起こす働きをもつ。
	好中球	（¹⁰　　　　　）によって，体内に侵入した病原体などの異物を取り込んで分解する。	（¹³　　　　）免疫で働く。
樹状細胞	樹状細胞		取り込んだ病原体の情報を，T細胞に伝える。

リンパ球	 ヘルパーT細胞	他の（⁶　　　　　　）を活性化する。	（¹⁴　　　　）免疫で働く。
	キラーT細胞	感染細胞などを攻撃する。	
	B細胞	（¹²　　　　　　　）に分化し，抗体を産生する。	

※リンパ球にはほかにも，自然免疫で働き，感染細胞などを攻撃するNK（ナチュラルキラー）細胞などがある。

WORD TRAINING •••

❶病原体の付着や侵入を妨げる役割をもつ皮膚の最外層を何というか。　❶＿＿＿＿＿＿＿＿

❷涙やだ液などに含まれる，殺菌作用をもつ物質を何というか。　❷＿＿＿＿＿＿＿＿

❸食作用で取り込んだ病原体の情報を，T細胞に伝える白血球は何か。　❸＿＿＿＿＿＿＿＿

❹T細胞やB細胞，NK細胞のような白血球をまとめて何というか。　❹＿＿＿＿＿＿＿＿

53. 📖知識 **物理的・化学的な防御** 次のa～cの文中( )内のア，イから正しい方を選べ。

a．皮膚表面の角質層は，(ア 物理的　イ 化学的)に病原体の侵入を防いでいる。

b．気管の粘膜では(ア 柔毛　イ 繊毛)の動きによって，異物をからだの外に送り出している。

c．汗や涙，だ液などには細菌の(ア 細胞壁　イ 細胞膜)を分解するリゾチームという酵素が含まれる。

53	まとめ **1**
a	
b	
c	

全問正解したらチェック☑

54. 📖知識 **白血球の働き** 白血球の働きについて，次の各問いに答えよ。

(1) ①～③の白血球がもつ働きを，下のa～cからそれぞれすべて選べ。ただし，同じものを何度使ってもよい。

①樹状細胞　　②好中球　　③マクロファージ

a．食作用を行う。　　b．炎症を引き起こす。

c．抗原の情報をT細胞へ伝え，獲得免疫を誘導する。

(2) 次のア～ウの働きを行うリンパ球を，下の語群からそれぞれ選べ。

ア．抗体産生細胞に分化し，抗体を産生する。

イ．感染細胞などを攻撃する。

ウ．他の白血球を活性化する。

【語群】 ヘルパーT細胞　　キラーT細胞　　B細胞

54	まとめ **2 3**
(1) ①	
②	
③	
(2) ア	
イ	
ウ	

全問正解したらチェック☑

55. 📖知識 **自然免疫と獲得免疫** 下図は，ヒトの生体防御のしくみをまとめたものである。図中A～Cにあてはまる文を，①～③からそれぞれ選べ。

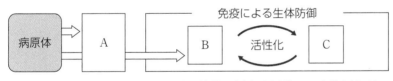

①マクロファージなどが，病原体の特徴を幅広く認識し，食作用などで病原体を排除する。

②皮膚や粘膜などで，物理的・化学的な防御によって，病原体の体内への侵入を防ぐ。

③リンパ球が，体内に侵入した病原体の細かい違いを認識し，病原体を排除する。

55	まとめ **3**
A	
B	
C	

全問正解したらチェック☑

🔍ヒント　物理的，化学的防御で病原体の侵入を防げなかったときに，白血球による免疫反応が起こる。

✏ **まとめてみよう** まとめ **2**

右の語群の語を使って空欄を20字以内でうめ，免疫についてまとめた文を完成させよう。

【語群】
・白血球
・しくみ

生体防御のうち，体内に侵入した病原体が

を免疫と呼ぶ。

21 自然免疫と獲得免疫のしくみ

•••• 学習の まとめ ••

■ 自然免疫と獲得免疫

■ (¹   )：(²   ) などが病原
体の特徴を幅広く認識し，(³   ) などで病原体
を排除するしくみ。

　・(²   ) が病原体を取り込んで認識。
　　→病原体を分解して排除する。
　　→毛細血管の細胞壁をゆるませ，好中球などを感染部位
　　　に引き寄せる。血しょうが組織に漏れ出すなどして，
　　　(⁴   ) が引き起こされる。
　・(⁵   ) が病原体を取り込んで認識。
　　→リンパ管を通って (⁶   ) に移動し，
　　　(⁷   ) を誘導する。

■ (⁷   )：リンパ球が病原体の微細な構造を認
識して活性化し，病原体の排除に働くしくみ。リンパ球に
よって認識される病原体などの物質を (⁸   ) とい
い，病原体を取り込んだ (⁵   ) が抗原情報を
T 細胞に提示 (抗原提示) することで誘導される。

　・(⁵   ) による抗原提示。
　　→抗原情報を受け取った (⁹   ) T 細胞が活性
　　　化される。
　　⇒感染細胞を特異的に攻撃・破壊する。
　　→抗原情報を受け取った (¹⁰   ) T 細胞が活性
　　　化される。
　　⇒同じ抗原を認識した (¹¹   ) を活性化させる。活性化された (¹¹   ) は
　　　(¹²   ) 細胞に分化して (¹³   ) を放出し，(¹⁴   ) 反応によっ
　　　て病原体を効率よく排除する。
　　⇒(²   ) や好中球などをさらに活性化し，(¹   ) を増強する。
　　　さらに，(⁹   ) T 細胞の働きも増強する。

図中ラベル：
(¹　　　　　) (⁷　　　　　)
(⁵　　　　　) (⁹　　　　　) T 細胞
病原体 攻撃・破壊
活性化 感染細胞
増強
(²　　　　　) 増強
(¹⁰　　　　　) T 細胞
活性化
(³　　　　　) に
よって病原体を排除 B 細胞
分化
好中球 (¹²　　　　　) 細胞
(³　　　　　)
の促進 (¹³　　　　　)
感染性を
弱める。
(²　　　　　) 病原体

╔══════════════════════════════════╗
║ **WORD TRAINING** ••••••••••••••••••••••••••••••
╚══════════════════════════════════╝

❶自然免疫によって組織で起こる変化を何というか。　　❶＿＿＿＿＿＿

❷リンパ球によって認識される病原体などの物質を何というか。　❷＿＿＿＿＿＿

❸抗原提示を受けて活性化するリンパ球はキラー T 細胞と何か。　❸＿＿＿＿＿＿

❹食作用を行い，炎症を引き起こす白血球はマクロファージと何か。　❹＿＿＿＿＿＿

56. 自然免疫　下の文章を読み，次の各問いに答えよ。

📖知識

　体内に侵入した病原体は，（　ア　）や（　イ　）の（　ウ　）によって細胞内に取り込まれる。これにより活性化した（　ア　）などの作用によって，毛細血管の血管壁がゆるみ，（　エ　）や単球，NK(ナチュラルキラー)細胞が感染部位へ引き寄せられる。これらの細胞によって，病原体が効率よく排除される。また，病原体を取り込んだ（　イ　）は，活性化して，<u>リンパ節へと移動し，獲得免疫を誘導する。</u>

(1) 文中の（　）に適する語を下の語群から選べ。

【語群】　好中球　　樹状細胞　　マクロファージ　　食作用

(2) 下線部について，イはa～cのどの細胞に働きかけるか。適当なものを<u>すべて</u>選べ。

　　a．キラーT細胞　　b．抗体産生細胞　　c．ヘルパーT細胞

56	まとめ 1
(1) ア	
イ	
ウ	
エ	
(2)	

全問正解したらチェック☑

57. 抗体　抗体に関して，次の①～④のうち正しいものを<u>すべて</u>選べ。

📖知識

①抗体は，自然免疫に関与する。

②抗体は，抗原と特異的に結合し，病原体の感染性を弱めたり，マクロファージなどの作用を増強したりする。

③抗体は，免疫グロブリンと呼ばれるタンパク質でできている。

④抗体は，その一部が記憶細胞として長期間体内に残る。

57	まとめ 1

全問正解したらチェック☑

58. 自然免疫と獲得免疫のしくみ　次の①～⑥の働きのうち，自然免疫によるものをA，獲得免疫によるものをBに分類せよ。

📖知識

①キラーT細胞が感染細胞を攻撃し，破壊する。

②抗体産生細胞が産生した抗体によって，抗原抗体反応で病原体を排除する。

③活性化されたT細胞やB細胞の一部が，記憶細胞として長期間体内に残る。

④マクロファージなどの作用で毛細血管の血管壁がゆるみ，感染部位の血流量が増加し，患部が熱をもち赤くなるなどする炎症が起こる。

⑤活性化されたヘルパーT細胞は，B細胞を活性化し，B細胞は抗体産生細胞に分化する。

⑥マクロファージや樹状細胞，好中球が食作用で病原体を取り込み，分解する。

58	まとめ 1
①	
②	
③	
④	
⑤	
⑥	

全問正解したらチェック☑

✏ **まとめてみよう**

まとめ 1

右の語群の語を使って空欄を20字以内でうめ，抗体が産生される過程についてまとめた文を完成させよう。

【語群】
・B細胞
・分化

抗原を認識し，ヘルパーT細胞によって活性化された

									10						

| | | | 20 |を放出する。

22 獲得免疫の特徴

••••• 学習の **まとめ** ••

1 獲得免疫が病原体のみに反応を起こすしくみ

■獲得免疫を誘導する細胞の特性

（¹　　　　　　　）は病原体を取り込んだ場合にのみ活性化し，（²　　　　　　　）でT細胞を活性化して獲得免疫を誘導する。

⇒（¹　　　　　　　）は，病原体以外の異物や自己のからだの物質に対しては活性化せず，獲得免疫が誘導されない。

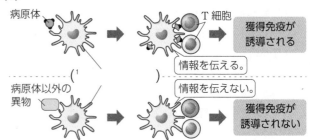

■自己に対する免疫寛容

T細胞やB細胞がつくられるとき，はじめは自己のからだの物質に反応するものもつくられる。これらのリンパ球は，成熟する過程で（³　　　　　　　）されたり，成熟しても働きが（⁴　　　　　　　）されたりする。

⇒成熟したT細胞やB細胞は，自己のからだの物質には反応しない。

・（⁵　　　　　　　）：ある抗原に対して獲得免疫の反応がみられない状態。

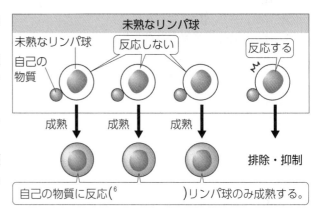

2 二次応答

特定の抗原に反応するリンパ球は，体内にごく少数しか存在しない。ある抗原の1度目の感染において獲得免疫が効果を現すには，抗原に特異的に反応する（⁷　　　　　　　）が十分に増殖する必要があるため，自然免疫よりもより遅れて効果を発揮する。

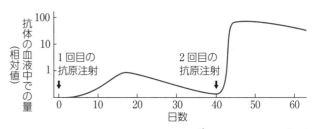

一方，獲得免疫によって一度排除された病原体と同じ病原体に感染したとき，（⁸　　　　　　　）が強く速やかに反応して病原体を排除する。このような反応を（⁹　　　　　　　）という。

```
WORD TRAINING
```
•••••••••••••••••••••••••••••••••••••

❶抗原提示によってT細胞を活性化する細胞は何か。　　　　　　❶＿＿＿＿＿＿＿＿＿＿

❷ある抗原に対して獲得免疫の反応がみられない状態を何というか。　❷＿＿＿＿＿＿＿＿＿＿

❸一度活性化され，体内に残っているT細胞やB細胞を何というか。　❸＿＿＿＿＿＿＿＿＿＿

❹再び侵入した病原体を，❸が速やかに働いて排除する反応は何か。　❹＿＿＿＿＿＿＿＿＿＿

📖知識

59. 免疫寛容
次の文を読み，その内容が正しければ○，誤っていれば×を答えよ。

①樹状細胞は，病原体以外の異物や自己のからだの物質にも幅広く反応して活性化する。

②T細胞やB細胞がつくられるとき，はじめは自己のからだの物質に反応するものもつくられる。

③T細胞やB細胞には，成熟する過程で排除されたり成熟しても働きが抑制されたりするものもある。

④すべての抗原に対して獲得免疫の反応がみられることを免疫寛容という。

59	まとめ 1
①	
②	
③	
④	

全問正解したらチェック☑

💭思考

60. 獲得免疫の特徴
抗体産生に関する下の文を読み，次の各問いに答えよ。

一度獲得免疫の働きによって排除された抗原と同じ種類のものが再度体内に侵入すると，記憶細胞の働きによってすみやかに排除される。

(1) 上の文のような免疫の反応を何というか。下の語群から選べ。

【語群】 一次応答　副反応　二次応答　再反応

(2) ①～⑤のうち，記憶細胞になるものとして適当なものをすべて選べ。

①ヘルパーT細胞　②B細胞　③マクロファージ

④樹状細胞　　　⑤キラーT細胞

(3) 1回目の注射から，約40日あけて同じ抗原を注射したときの，注射した抗原に対する抗体の産生量を示すグラフとして，最も適当なものを①～④から選べ。グラフの縦軸は血液中の抗体の量(相対値)を，横軸は日数を，↓は抗原を注射した日数を示す。

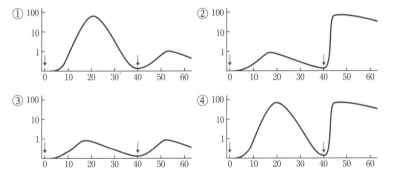

60	まとめ 2
(1)	
(2)	
(3)	

全問正解したらチェック☑

✏ まとめてみよう

まとめ 2

右の語群の語を使って空欄を25字以内でうめ，二次応答についてまとめた文を完成させよう。

一度排除された病原体と同じ病原体に感染したとき，

									10
			20				25		

を二次応答という。

【語群】
・記憶細胞
・強く速やかに

23 免疫と疾病／免疫と医療

•••••学習の まとめ•••

❶ アレルギー

　花粉やほこりなどの病原体以外の無害な異物に対して起こる，生体にとって有害な免疫反応を
(¹　　　　　　)といい，その原因となる抗原を(²　　　　　　)という。(¹　　　　　　)では，
呼吸困難が生じるなど(³　　　　　　)という深刻な症状が引き起こされることもある。　(例)花粉症，ぜんそく

❷ 自己免疫疾患

　自己のからだの物質に対する免疫反応は，通常(⁴　　　　　)によって抑制されている。このしく
みに異常が生じ，自己のからだの物質に対する免疫反応が起こり，組織や器官の障害や機能異常を生じ
る疾患を(⁵　　　　　)と呼ぶ。　　　(例)関節リウマチ，バセドウ病，(⁶　　)型糖尿病

❸ 免疫不全症とエイズ

　免疫のしくみに何らかの異常が起こり，免疫が十
分に働かなくなる疾患を(⁷　　　　　)と呼ぶ。
その代表的な例であるエイズは，(⁸　　　　)
(ヒト免疫不全ウイルス)が(⁹　　　　)T細胞に
感染し，(⁹　　　　)T細胞を破壊することによっ
て獲得免疫が正常に働かなくなる。

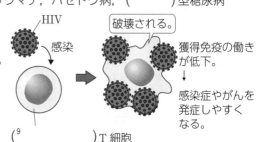

❹ 拒絶反応

同じ種でも，ふつう他の個体の組織は自己とは異なる物質として認識され，免疫反応が起こって脱落する。このような反応を(¹⁰　　　　　)という。

❺ 免疫反応を利用した病気の予防と医療

・(¹¹　　　　)：弱毒化または無毒化した病原体などを接種し，あらかじめ体内に(¹²　　　　)
　　　　をつくらせて，病気を予防する。このとき用いられる抗原は(¹³　　　　)と
　　　　呼ばれ，はしかや風疹などの予防に用いられる。
・(¹⁴　　　　)療法：病原体などに対する(¹⁵　　　　)をウマなどにつくらせ，それを含む
　　　　(¹⁴　　　　)を注射する治療法。現在はヘビ毒中毒症以外ではほとんど用い
　　　　られない。

WORD TRAINING

❶植物の花粉が抗原となって起こるアレルギー症状を何というか。　❶＿＿＿＿

❷輸血や性行為などで感染し，エイズの原因となるウイルスは何か。　❷＿＿＿＿

❸移植した他人の臓器が，免疫反応によって脱落する反応を何というか。　❸＿＿＿＿

❹特定の物質や細胞に結合する抗体を用いた治療薬を何というか。　❹＿＿＿＿

📖知識

61. 免疫反応の異常で起こる病気
次のア〜ウの記述と最も関連のあるものを下の語群のなかからそれぞれ選べ。

ア．花粉に反応して涙や鼻水が出て，眼のかゆみが起こる。

イ．1型糖尿病では，ランゲルハンス島B細胞が破壊される。

ウ．ハチの毒素が体内に入り，急激な血圧低下や意識低下が起こる。

【語群】　自己免疫疾患　　アナフィラキシーショック　　花粉症

61	まとめ 1 2
ア	
イ	
ウ	

全問正解したらチェック☑

📖知識

62. エイズ
次の文章中の（　）に入る適語を下の語群のなかからそれぞれ選べ。

エイズは，（　A　）の感染によって，（　B　）細胞が破壊されることが原因となって起こる。（　B　）細胞が破壊されると，獲得免疫が正常に働かなくなり，健康なヒトでは感染しても発症しないような感染症（（　C　））を発症することがある。また，がんを発症しやすい。

【語群】　日和見感染症　　ヘルパーT　　HIV

62	まとめ 3
A	
B	
C	

全問正解したらチェック☑

💭思考

63. 拒絶反応
下図は，マウスAと形質の異なるマウスBを用いた皮膚の移植実験の模式図である。

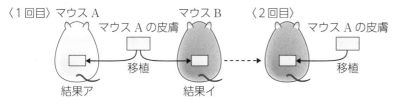

〈1回目〉マウスA　　マウスB　　〈2回目〉
マウスAの皮膚　　　　　　　マウスAの皮膚
移植　　結果ア　　結果イ　　移植

(1) 1回目の移植実験を行うと，ふつうどのような結果が得られるか。結果ア，イに適するものを次の①，②のなかからそれぞれ選べ。
①移植片は約10日で脱落した。　　②移植片は定着した。

(2) 2回目の移植実験の結果として最も適当なものはどれか。
①移植片は約10日で脱落した。　　②移植片は定着した。
③移植片は5〜6日で脱落した。

63	まとめ 4
(1) ア	
イ	
(2)	

全問正解したらチェック☑

ヒント　1回目の移植で，マウスBにはマウスAの皮膚を抗原とした記憶細胞がつくられている。

📖知識

64. ABO式血液型
A型の人の血液(凝集原Aと凝集素βをもつ)に加えたとき，凝集反応を起こすのは①と②のどちらか。
①B型の人の赤血球(凝集原Bをもつ)
②O型の人の赤血球(凝集原をもたない)

64	

全問正解したらチェック☑

まとめてみよう
まとめ 5

右の語群の語を使って空欄を20字以内でうめ，予防接種についてまとめた文を完成させよう。

【語群】
・体内
・記憶細胞

弱毒化または無毒化した病原体などを接種し，

病気を予防する方法を予防接種という。

24 第3章　章末問題(1)

📖知識

65. 体内環境の調節　体内環境の調節について，次の各問いに答えよ。

間脳の（　ア　）は体内環境の変化を感知し，その情報にもとづいて意思とは（　イ　）に（　ウ　）と（　エ　）を働かせている。（　ウ　）には，活動状態のときに優位に働く（　オ　）と安静な状態のときに優位に働く（　カ　）の2種類があり，多くの器官で互いにきっ抗的に働いている。（　エ　）では，内分泌腺が重要な働きを担う。

(1) 文中の（　　）にあてはまる語句を答えよ。

(2) 内分泌腺から放出される物質を何というか。

(3) (2)の受容体をもつ細胞を何というか。

(4) アに存在する神経細胞が(2)を放出する現象を何というか。

(5) エの特徴としてあてはまるものを，①〜④からすべて選べ。

　①器官に直接作用する。　　②効果に持続性がある。

　③少量で細胞の働きを調節する。　　④すべての細胞に作用する。

(6) 下線部について，心臓の拍動の調節にもウとエの両方が関わっている。次の①〜④のうち，正しいものを1つ選べ。

　①運動に伴って心臓の拍動が変化する際には，ウが働き，その中枢は脳の一部である延髄にある。

　②血液中の二酸化炭素の量が高くなるとオが働き，拍動数は低下する。

　③心臓の拍動数は，恐怖や不安などのストレスに影響を受けない。

　④心臓の拍動は，エとオだけで調節されている。

📖知識

66. 内分泌腺とホルモン

下図は，ヒトの内分泌腺を示したものである。図中①〜④に該当する内分泌腺の名称をA群から，分泌されるホルモン名をB群から，そのホルモンの働きをC群からそれぞれ選べ。ただし，③から分泌されるホルモンは2種類ある。

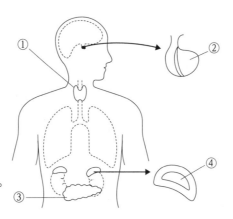

【A群】　(ア)脳下垂体前葉

　　　　(イ)副腎髄質

　　　　(ウ)甲状腺

　　　　(エ)すい臓(ランゲルハンス島)

【B群】　(a)インスリン　　(b)チロキシン　　(c)グルカゴン

　　　　(d)アドレナリン　(e)甲状腺刺激ホルモン

【C群】　(1)チロキシンの分泌促進　　(2)血糖濃度の減少

　　　　(3)細胞内の代謝を促進　　(4)血糖濃度の増加

　　　　(5)心臓の拍動促進

65

(1)	ア
	イ
	ウ
	エ
	オ
	カ
(2)	
(3)	
(4)	
(5)	
(6)	

全問正解したらチェック☑

🔍ヒント　オとカは，多くの場合，1つの器官に両方が分布しており，互いにきっ抗的に働く。

66

	A群	B群	C群
①			
②			
③			
④			

全問正解したらチェック☑

🔍ヒント　②から放出されるホルモンは，他の内分泌腺に働きかける。

思考

67. 血糖濃度の調節　下の文章を読んで次の各問いに答えよ。

デンプンを含む食物を食べると，消化・吸収により血糖濃度が上昇する。右図のaは，食事の前後での血糖濃度の変化を，bとcはその間にすい臓から分泌される2種のホルモンの血液中の変化を示す。血糖濃度は，食後数時間以内にほぼもとの値にまで下がる。

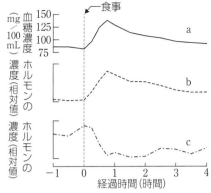

(1) 図中bとcのホルモンの名前と，すい臓のランゲルハンス島のどの細胞から分泌されるか，「ランゲルハンス島の」に続けてそれぞれ答えよ。

(2) 激しい運動などによって血糖濃度が低下した場合，bとcのホルモンの分泌量は増加するか，減少するか。それぞれ答えよ。

(3) 糖尿病は1型と2型に分けられる。2型糖尿病で高血糖の状態が続く理由を，「ランゲルハンス島B細胞の破壊以外の理由で，」に続けて，「インスリン」「標的細胞」の語を使い45字以内で書け。

ランゲルハンス島B細胞の破壊以外の理由で，

								10		
			20							30
					40					45

知識

68. 体温の調節とホルモン　下の図は，体温が低下したときに起こるヒトの反応をまとめたものである。次の各問いに答えよ。

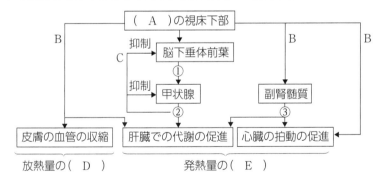

(1) 図中①～③は，各器官から分泌されるホルモンを示している。①～③のホルモンの名称を答えよ。

(2) 図中Aに当てはまる脳の一部の名称と，図中Bに当てはまる神経の名称をそれぞれ答えよ。

(3) 図中Cは一連の反応の最終結果が前の段階にさかのぼって反応を調節するしくみを示している。このしくみの名称を答えよ。

(4) 図中D，Eにそれぞれ当てはまるのは「増加」「減少」のどちらか。

67

(1) b
ランゲルハンス島の

c
ランゲルハンス島の

(2) b

c

全問正解したらチェック☑

ヒント　すい臓から分泌されるホルモンは，インスリンとグルカゴンである。血糖濃度が上昇すると，これを低下させるホルモンの分泌が多くなる。

68

(1) ①

②

③

(2) A

B

(3)

(4) D

E

全問正解したらチェック☑

ヒント　(4) ヒトの体温は，放熱量と発熱量とがつり合っているため，36～37℃の範囲内でほぼ一定に保たれている。

25 第3章　章末問題(2)

📖知識

69. 免疫に関わる器官　右図は，ヒトの
免疫に関与する組織や器官を示している。
次の各問いに答えよ。

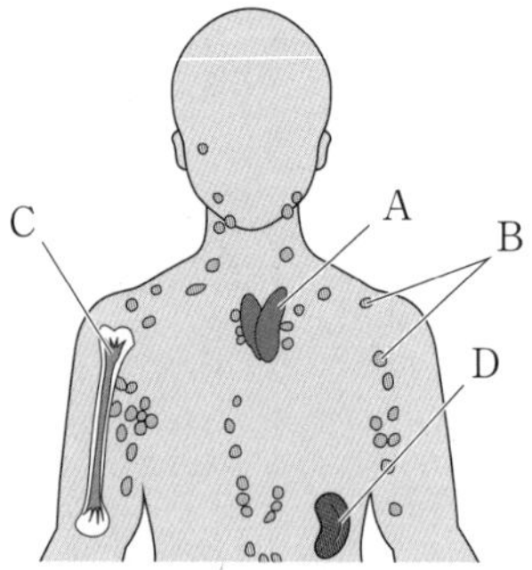

(1) 図中A〜Dに当てはまる組織や器
官の名称を下の語群から選べ。

【語群】　リンパ節　　ひ臓
　　　　　胸腺　　　　骨髄

(2) T細胞が成熟する器官はどこか。図
中A〜Dから選び記号で答えよ。

(3) 成熟したT細胞は自己のからだの物質に対して反応しない。この
ように，ある特定の抗原に対して獲得免疫の反応がみられない状態を
何というか。

(4) さまざまな白血球がつくられるのはどこか。図中A〜Dから選び
記号で答えよ。

(5) リンパ管やリンパ節で起こる免疫反応として，正しいものを下のa
〜dのなかから1つ選べ。

　a．マクロファージが，T細胞に抗原提示を行う。
　b．樹状細胞が，T細胞に抗原提示を行う。
　c．活性化したヘルパーT細胞が，感染細胞を攻撃し破壊する。
　d．活性化したキラーT細胞が，自然免疫の働きを増強する。

💭思考

70. 自然免疫のしくみ　自然免疫のしくみを説明する下の①，②の文章
について，次の各問いに答えよ。

①体内に侵入した病原体は，（　A　）や樹状細胞，（　B　）によって取
り込まれ，分解される。

②（　A　）の作用で，毛細血管の血管壁がゆるみ，血しょうが漏れ出す
とともに，（　B　）などの白血球が感染部位に集められ，病原体が効
率よく排除される。

(1) AとBの白血球の名称を答えよ。

(2) ①のように白血球が病原体を取り込んで分解する働きを何というか。

(3) ②が起きると，感染部位の周辺が赤くなり腫れるなどの症状が生じ
る。このような組織の変化を何と呼ぶか。

(4) 自然免疫とはどのようなしくみか。「マクロファージなどが」から
続けて，下の語句を用いて35字以内で書け。

[　病原体　　幅広く認識　　食作用　]

マ	ク	ロ	フ	ァ	ー	ジ	な	ど	が										
					10														20
									30						35				

69

(1) A
B
C
D
(2)
(3)
(4)
(5)

全問正解したらチェック☑

💡ヒント　(5) T細胞の名称
は，それぞれの働きに関連
している。

70

(1) A
B
(2)
(3)

全問正解したらチェック☑

💡ヒント　(4) 病原体には多
くの種類があるが，なかま
ごとに共通する特徴もみら
れ，自然免疫はそれを認識
する。

71. 獲得免疫のしくみ

下の文章は，獲得免疫のしくみについて述べたものである。次の各問いに答えよ。

　獲得免疫を引き起こす物質は（　ア　）と呼ばれる。病原体を取り込んだ樹状細胞は，リンパ節に移動して，（　ア　）情報をT細胞に提示する。この抗原情報を認識した（　イ　）T細胞や（　ウ　）T細胞は，活性化されて増殖する。（　イ　）T細胞は，病原体が感染した細胞を特異的に認識して破壊する。また，活性化した（　ウ　）T細胞は，マクロファージや好中球をさらに活性化させるとともに，同じ（　ア　）を認識したB細胞を活性化させる。

(1) 文章中のア〜ウに適する語を答えよ。

(2) 下の図は，B細胞が活性化したときに起こる反応を示したものである。図中のエとオに適する語を答えよ。

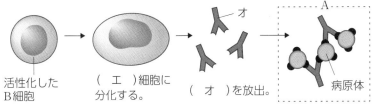

活性化した
B細胞

（　エ　）細胞に
分化する。

（　オ　）を放出。

病原体

A

(3) 図中のAで示した反応を何というか。

(4) 獲得免疫で排除されたものと同じ病原体に再び感染したとき，最初の感染と比べてオのつくられ方はどうなるか。次のa〜eから選べ。
　　a．すばやく多量に産生する　　b．すばやく少量に産生する
　　c．ゆっくり多量に産生する　　d．ゆっくり少量に産生する
　　e．変化しない

71	
(1)ア	
イ	
ウ	
(2)エ	
オ	
(3)	
(4)	

全問正解したらチェック☑

ヒント (4) 活性化されたT細胞やB細胞の一部は，記憶細胞として長期間体内に残り次回の感染に備える。

72. 免疫と医療

次の①〜⑤は，免疫反応の異常やそれによる疾患，免疫反応を利用した治療・予防法について述べた文である。A群から疾患などの名称を，B群から関連深い事象などをそれぞれ選べ。

①無毒化した，もしくは毒性を弱めた病原体や毒素を接種し，あらかじめ体内に記憶細胞をつくらせて病気を予防する。

②同じ種の動物でも，別の個体の皮膚や臓器を移植すると，ふつう，免疫反応が起きて定着できず脱落する。

③病原体以外の異物に含まれる物質を抗原として認識し，過敏で生体に不都合な免疫反応が起こる。

④免疫のしくみに異常が生じて免疫が十分に働かなくなり，さまざまな疾患が引き起こされる。

⑤病原体や毒素に対する抗体をウマなどの動物につくらせて，その抗体を含む血清を注射して治療する。

【A群】　a．アレルギー　　b．予防接種　　c．拒絶反応
　　　　 d．血清療法　　e．免疫不全症

【B群】　ア．臓器移植　　イ．インフルエンザの予防
　　　　 ウ．エイズ　　エ．花粉症
　　　　 オ．毒ヘビにかまれたときの治療

72	A群	B群
①		
②		
③		
④		
⑤		

全問正解したらチェック☑

ヒント エイズとは，HIV（ヒト免疫不全ウイルス）が，ヘルパーT細胞に感染してこれを破壊することで獲得免疫の働きが低下する病気である。

26 さまざまな植生

···· 学習の **まとめ** ··

１ 生物と環境

ある地域に生育する植物の集まりは，一般に (¹　　　　　　) と呼ばれ，地域の環境に応じたさまざまな特徴を示している。陸上の (¹　　　　　　) は，相観によって，大きく，森林，草原，荒原に区別できる。

・相観：(¹　　　　　　) の外観上の特徴で，ふつう，(²　　　　　　) によって決まる。

・(²　　　　　　)：ある範囲に生育する植物のなかで個体数が多く，最も広い空間を占める植物種。

２ 荒原と草原

植生の種類	特徴
(³　　　　)	乾燥地や寒冷地，高山など，多くの植物にとっては生育にあまり適さない厳しい環境にみられる。限られた種類の植物がまばらに生える。
(⁴　　　　)	主に (⁵　　　　　) からなる。少数の低木が混ざることもある。

３ 森林

森林は，主に (⁶　　　　　　) からなる植生である。

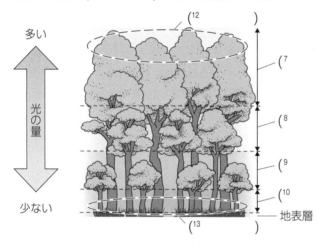

多い

光の量

少ない

(¹²　　　　　　)

(⁷　　　　) 層

(⁸　　　　) 層

(⁹　　　　) 層

(¹⁰　　　　) 層

地表層

(¹³　　　　　　)

森林には，異なる高さの植物が生育している。高い方から，
・(⁷　　　　　) 層，
・(⁸　　　　　) 層，
・(⁹　　　　　) 層，
・(¹⁰　　　　　) 層
・地表層
などの階層に分けられる。このような層状の構造は
(¹¹　　　　　　　) という。

森林の上層で葉が茂っている部分がつながっている部分は (¹²　　　　　) と呼ばれ，太陽の強い光が当たる。一方，地表に近い部分は，(¹³　　　　　) と呼ばれる。森林内に入るに従って，太陽光が植物に吸収されたり，散乱されたりして，林床に到達する光の量は (¹⁴　　　　) する。

WORD TRAINING ·····································

❶ある地域に生育する植物の集まりのことを何というか。　　　❶＿＿＿＿＿＿

❷植生の外観上の特徴を何というか。　　　❷＿＿＿＿＿＿

❸限られた種類の植物がまばらに生育している植生を何というか。　　　❸＿＿＿＿＿＿

❹主に木本からなる植生を何というか。　　　❹＿＿＿＿＿＿

❺森林に多様な高さの植物が存在することでつくられる構造を何というか。　　　❺＿＿＿＿＿＿

📖知識

73. 植生 次の文は,ある地域(地域A)の植生について述べたものである。次の各問いに答えよ。

「アカマツ林の林床のところどころに,ヤマツツジの低木やウラジロなどのシダ植物が観察された。」

(1) 地域Aの植生において優占種となる植物はどれか。語群から選べ。

【語群】 アカマツ　　ヤマツツジ　　ウラジロ

(2) 地域Aの植生の相観はどれか。語群から選べ。

【語群】 荒原　　草原　　森林

73 まとめ**1**

(1)	
(2)	

全問正解したらチェック☑

📖知識

74. 荒原と草原 次の(ア)~(エ)の文や写真は,それぞれ草原(A)と荒原(B)のどちらに関連するものか。記号で答えよ。

(ア) 主に草本からなる植生で,少数の低木が混ざることもある。

(イ) 乾燥地や寒冷地,高山などの植物の生育にあまり適さない環境にみられ,特定の植物がまばらに生えている。

　(エ)

74 まとめ**2**

(ア)	
(イ)	
(ウ)	
(エ)	

全問正解したらチェック☑

💭思考

75. 森林 森林に関する次の各問いに答えよ。

(1) 次の①~⑤は,森林を構成する植物の階層である。高い方から順に並び替えよ。

①草本層　　②亜高木層　　③高木層　　④低木層　　⑤地表層

(2) 樹木の葉が生い茂っている,森林の表層を何というか。

(3) 夏の夏緑樹林(日本の東北地方などでみられる森林)における高さと差し込む光の強さの関係を表すグラフとして最も適当なものを選べ。グラフの縦軸は高さ(m)を,横軸は光の強さ(相対値)を示している。

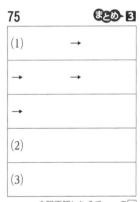

75 まとめ**3**

(1)		→	
	→		→
	→		
(2)			
(3)			

全問正解したらチェック☑

✏️ **まとめてみよう**

まとめ**1**

右の語群の語を使って空欄を20字以内でうめ,陸上の植生の区分についてまとめた文を完成させよう。

【語群】
・相観
・大きく
・森林

陸上の植生は,

									10					

		20	**に区別できる。**

27 植物と環境

····· 学習の まとめ ·····························

1 光の強さと光合成

光の強さは植物の生育に大きな影響を与える。植物は二酸化炭素を (^{1}　　　　　) し光合成を行い，呼吸によって二酸化炭素を (^{2}　　　　　) する。

・光合成速度：光合成による二酸化炭素の吸収速度。

・呼吸速度：呼吸による二酸化炭素の放出速度。

・見かけの光合成速度：光合成速度から呼吸速度を引いたもの。

・(^{3}　　　　　　　)：光合成速度と呼吸速度が等しく，見かけ上は二酸化炭素の出入りがみられなくなる光の強さ。

・(^{4}　　　　　　　)：これ以上強くしても光合成速度が変化しない光の強さ。

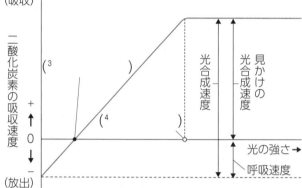

◀ 光の強さと光合成速度の関係を示すグラフ ▶

2 陽生植物と陰生植物

■ (^{5}　　　　　) 植物または陽樹
　・日当たりのよい場所に生育する。
　・光補償点や光飽和点が (^{6}　　　) い。
　（例）ススキなど

■ (^{7}　　　　　) 植物または陰樹の芽ばえ
　・届く光が弱い場所に生育する。
　・光補償点や光飽和点が (^{8}　　　) い。
　（例）多くのシダ植物など

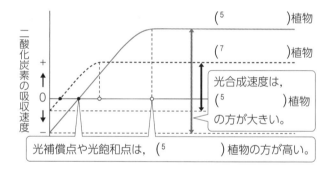

光合成速度は，(^{5}　　　　　)植物の方が大きい。

光補償点や光飽和点は，(^{5}　　　　　) 植物の方が高い。

3 植物と土壌

・(^{9}　　　　　)：岩石が風化した細かい粒状のものに，植物の落葉・落枝やさまざまな生物の遺骸・排出物，それらの分解でできた有機物である (^{10}　　　　　) が混じったもの。

4 生物と環境

・(^{11}　　　　　)：生物の生活に影響を及ぼす大気・水・光・土壌などによる働きかけ。

・(^{12}　　　　　　)：植物が茂って林内が暗くなるなど，環境を変化させる生物の働きかけ。

WORD TRAINING

❶ 呼吸速度と光合成速度が等しくなるときの光の強さを何というか。　　❶ ＿＿＿＿＿＿

❷ 日当たりのよい場所に生育する植物を何というか。　　❷ ＿＿＿＿＿＿

❸ 生物の遺骸などの分解でできる有機物を何というか。　　❸ ＿＿＿＿＿＿

❹ 環境を変化させる生物の働きかけを何というか。　　❹ ＿＿＿＿＿＿

76. 光の強さと光合成

思考

ある植物を用いて，当てる光の強さを変化させたときの二酸化炭素の吸収速度を測定したところ，次のグラフのようになった。下の(1)〜(4)の各問いの答えを①〜⑩のなかからそれぞれ選べ。

(1) 光補償点となる光の強さは，何ルクスか。

(2) 光飽和点となる光の強さは，何ルクスか。

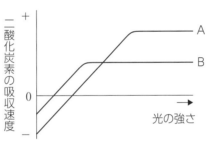

(3) 光飽和点以上の強さの光を当てたときの光合成速度は，何 mg/(100cm^2・時)か。

(4) 呼吸速度は，何 mg/(100cm^2・時)か。

① $10×10^3$　　② $20×10^3$　　③ $25×10^3$　　④ $30×10^3$

⑤ $50×10^3$　　⑥ 5　　⑦ 10　　⑧ 20　　⑨ 25　　⑩ 50

76 まとめ ❶

(1)	
(2)	
(3)	
(4)	

全問正解したらチェック ☑

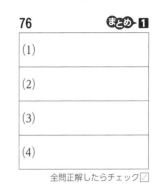

ヒント グラフに表記されている単位をよく見ること。光合成速度は(見かけの光合成速度＋呼吸速度)。

77. 陽生植物と陰生植物

思考

下の図は，シダ植物とススキにおける光の強さと二酸化炭素の吸収速度の関係を示したものである。次の各問いに答えよ。

(1) ススキのグラフを表したものはAとBのどちらか。

(2) グラフAのような日当たりのよい場所に生育する植物，Bのように届く光が弱い場所に生育する植物をそれぞれ何というか。

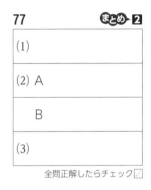

(3) 芽ばえや幼木がBのような特徴を示す樹木を何というか。

77 まとめ ❷

(1)	
(2) A	
B	
(3)	

全問正解したらチェック ☑

78. 植物と土壌

知識

次の文の（　）に適する語句を下の語群から選んで答えよ。

岩石は風化により細かい砂や泥になる。これに植物の（　ア　）や生物の遺骸・（　イ　），それらの分解でできた（　ウ　）である（　エ　）が混じったものを土壌という。土壌の状態は植物の生育に影響を及ぼす。

【語群】 腐植　　排出物　　落葉・落枝　　有機物

78 まとめ ❸

ア	
イ	
ウ	
エ	

全問正解したらチェック ☑

✏ まとめてみよう

まとめ ❹

右の語群の語を使って空欄を20字以内でうめ，作用についてまとめた文を完成させよう。

【語群】
・生物の生活
・作用

大気・水・光・土壌などによる

				という。

28 植生の遷移と環境

•••••学習の まとめ •••

1 遷移

・(^{1}　　　　　　　)：ある地域の植生が変化していくこと。

2 遷移のしくみ (日本の暖温帯における遷移過程)

<table>
<tr><td rowspan="6">乾性遷移のモデル（植生は、本州西部あたりでみられるものを示している。）</td><td>① (^{2}　　　　　　　　) ・荒原
・(^{3}　　　　　) はない。保水力は乏しく，乾燥ぎみ。
・地衣類やコケ植物などの (^{4}　　　　　　) 種が進入する。</td><td></td></tr>
<tr><td>② (^{5}　　　　　　　)
・(^{3}　　　　　) が形成されはじめ，保水力や栄養塩類が増す。
・強い光のもとで速く成長する (^{6}　　　　　　) が優占する。</td><td>土壌</td></tr>
<tr><td>③ (^{7}　　　　　　　)
・(^{3}　　　　　) がさらに形成され，多くの木本の生育が可能となる。
・強光下でヤシャブシ，ウツギ，アカマツなどの陽樹が優占する。</td><td></td></tr>
<tr><td>④ (^{8}　　　　　　　)
・アカマツ，コナラなどの高木になる陽樹の林が成立する。
・林床が (^{9}　　　　　) なり，陽樹の芽ばえは育ちにくい。</td><td></td></tr>
<tr><td>⑤ (^{10}　　　　　　)
・スダジイ，アラカシなど陰樹とアカマツなどの陽樹の混交林となる。
・林床が (^{9}　　　　　)，アラカシなどの陰樹の幼木が育つ。</td><td></td></tr>
<tr><td>⑥ (^{11}　　　　　　)
・陽樹は寿命などで枯れ，安定した陰樹の林に変化する。
・植生の構成種に大きな変化がみられなくなった状態を
　(^{12}　　　　　　) (クライマックス) と呼ぶ。</td><td></td></tr>
</table>

3 遷移の要因

　遷移が進んだ段階ほど，(^{3}　　　　　) が厚くなり，栄養塩類のもととなる有機物の量が増加する。また，地表に届く (^{13}　　　　　) の量は少なくなる。遷移が進行するのは，環境形成作用によって (^{3}　　　　　) の状態や (^{13}　　　　　) の量が変化するためである。遷移初期は (^{3}　　　　　) からの，その後は (^{13}　　　　　) からの作用が遷移に強く影響を与える。

WORD TRAINING ••••••••••••••••••••••••••••••••••••••

❶遷移の初期段階の土地に進入する種を何というか。　　　　　　❶ _____

❷植生の構成に大きな変化がみられなくなった状態を何というか。　❷ _____

📖 知識

79. 遷移のしくみ 次のア～カは，本州中南部においてみられる遷移の状態である。次の各問いに答えよ。

ア．裸地・荒原　　イ．陽樹林　　ウ．低木林　　エ．草原
オ．陰樹林　　カ．混交林

(1) アをはじまりとしてイ～カを遷移の順番に並び替えよ。

(2) 遷移初期段階でみられる先駆種として誤っているものはどれか。次の①～④のなかから1つ選べ。

　①アラカシ　　②ススキ・イタドリなどの草本　　③ヤシャブシ
　④地衣類・コケ植物

(3) オの状態を何と呼ぶか。語群のなかから選べ。

【語群】　極限　　極相　　最盛期　　終期

(4) ア～カのうち，土壌が形成されていない状態はどれか。

(5) ア～カのうち，地表に届く光が最も多い状態はどれか。

(6) エで生育する植物は，陽生植物（A）と陰生植物（B）のどちらの性質をもつか。AかBで答えよ。

(7) カの林床で生育するものは次の①，②のどちらか。

　①陽樹の芽ばえ　　②陰樹の芽ばえ

79		まとめ **1** **2**
(1)	ア	→
→		→
→		→
(2)		
(3)		
(4)		
(5)		
(6)		
(7)		

全問正解したらチェック☑

📖 知識

80. 遷移の要因① 次の①～⑤のなかから誤っているものを1つ選べ。

①草原と極相林では，極相林の方が土壌は厚い。
②陰樹林の林床は暗く，陰樹の芽ばえや幼木が生育できない。
③本州西南部の低地にある田畑は，自然状態ではやがて森林になる。
④低木林の地表には光が十分届くので，陽樹の芽ばえが生育できる。
⑤裸地・荒原に先駆種が進入すると，土壌が形成されはじめる。

80	まとめ **2**

全問正解したらチェック☑

📖 知識

81. 遷移の要因② 文章中の（　　）に当てはまる適語を下の語群からそれぞれ選べ。

　裸地からはじまる遷移の初期段階では，常に地表に強い光が届いているため，（　ア　）からの作用が遷移に大きな影響を及ぼす。さらに遷移が進行すると，林床に届く光が減少し，（　イ　）の芽ばえが育ちにくくなるため，（　ウ　）からの作用が強く遷移に影響を及ぼすようになるといえる。

【語群】　光　　土壌　　陰樹　　陽樹

81	まとめ **3**
ア	
イ	
ウ	

全問正解したらチェック☑

✏️ **まとめてみよう**　　まとめ **3**

右の語群の語を使って空欄を15字以内でうめ，遷移が進行する要因をまとめてみよう。

【語群】
・土壌
・量

遷移が進行するのは，環境形成作用によって

								10						15

ためである。

第1節　植生と遷移

59

29 植生の破壊と遷移

•••••• 学習の **まとめ** ••••••••••••••••••••••••••••••••••••

1 さまざまな遷移

　裸地からはじまる遷移を(¹　　　　　　　)と呼び，すでにある植生が山火事などで大規模に破壊された場所ではじまる遷移を(²　　　　　　)と呼ぶ。(¹　　　　　　　)のうち，陸上ではじまるものを(³　　　　　　)，湖沼などからはじまるものを(⁴　　　　　　)と呼ぶ。

①　湖沼	②　(⁵　　　　　　)	③　(⁶　　　　　　)
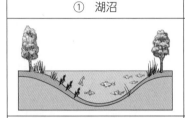	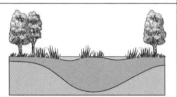	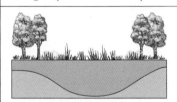
植物プランクトンなどが進入する。その後土砂などが堆積し水深が浅くなり，クロモやヒシなどの水生植物が現れる。	水深がより浅くなる。ヨシやカキツバタなどがみられるようになる。	植物の遺骸や土砂の堆積がさらに進むと，(⁶　　　　　　)へと移り変わる。最終的に乾性遷移と同じ過程を経て，森林へと移り変わる。

◀ **湿性遷移** ▶

2 二次遷移

　山火事などによって植生が破壊された所には，新たにできた裸地と異なり，すでに(⁷　　　　)が存在する。種子などが土壌中に残っているので，一次遷移に比べ二次遷移は(⁸　　　)い時間で進む。

3 森林の部分的な破壊と再生

　・(⁹　　　　　　)：寿命や台風などにより高木が倒れ，林冠が途切れてできる空間のこと。

　極相林では，小さな(⁹　　　　　　)が生じても，陰樹しか成長できないが，大きな(⁹　　　　　　)が生じると，林床の広い範囲に強い光が差し込むため，陽樹の種子が発芽し成長することができるようになる。

光　　　小さなギャップが生じた場合	光　　　大きなギャップが生じた場合

林床に差し込む光が弱く，陽樹は生育できない。 倒木	林床まで強い光が差し込み，林床で陽樹の種子などが発芽する。

WORD TRAINING ••••••••••••••••••••••••••••••••••••

❶土壌が形成されていない状態からはじまる遷移を何というか。　　❶＿＿＿＿＿＿＿

❷すでに土壌があるところではじまる遷移を何というか。　　❷＿＿＿＿＿＿＿

❸一次遷移のうち，湖沼などではじまるものを何というか。　　❸＿＿＿＿＿＿＿

❹森林において，倒木などで林冠が途切れた空間を何というか。　　❹＿＿＿＿＿＿＿

📖知識

82. 遷移 次の①～⑥は，それぞれ一次遷移(A)と二次遷移(B)のどちらに当てはまるか。AかBで答えよ。

①溶岩上などの生物がいない場所からはじまる。

②台風で林がなぎ倒された場所からはじまる。

③木々が生い茂った山で起こった山火事の跡地からはじまる。

④土壌のないところに水がたまって生じた湖沼からはじまる。

⑤耕作放棄された田畑からはじまる。

⑥短い時間で進む遷移。

82 まとめ 1 2

①	②
③	④
⑤	⑥

全問正解したらチェック☑

ヒント 裸地からはじまる遷移が一次遷移で，土壌がある状態からはじまる遷移が二次遷移である。

📖知識

83. 湿性遷移 次のA～Eは，湿性遷移のようすを述べたものである。A～Eを湿性遷移の変化の過程の順番に並び替えよ。

A. 植物の遺骸や土砂が堆積し，草原へと移り変わる。

B. 新しくできた湖沼に植物プランクトンなどが進入する。

C. 土砂が堆積し水深が浅くなり，クロモなどの水生植物が現れる。

D. 草原は，乾性遷移と同じ過程を経て森林となる。

E. 水深がより浅くなり，ヨシやカキツバタなどがみられる湿原となる。

83 まとめ 1

	→	
→	→	
→		

全問正解したらチェック☑

📖知識

84. ギャップと森林の再生 次の図1，図2は，極相林に生じたギャップのようすを示した模式図である。この後，この部分はどのように変化すると考えられるか。下の①～③のなかから適当なものをそれぞれ選べ。

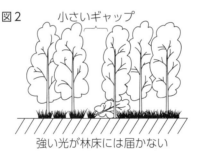

図1 大きいギャップ　強い光が林床に差し込む

図2 小さいギャップ　強い光が林床には届かない

84 まとめ 3

図1	
図2	

全問正解したらチェック☑

①このままギャップが維持される。

②陰樹の幼木が生育し，ギャップをうめて再び陰樹林が形成される。

③陽樹の種子が発芽して成長し，陽樹と陰樹の混交林となる。

✏ **まとめてみよう** まとめ 3

右の語群の語を使って空欄を20字以内でうめ，極相林においても陽樹が生育するしくみについてまとめてみよう。

【語群】
・林床
・光

森林内で大きなギャップが生じると，

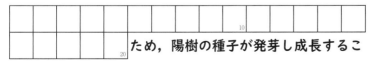

ため，陽樹の種子が発芽し成長することができるようになる。

30 遷移とバイオーム

•••••• 学習の まとめ ••

① バイオーム

それぞれの地域の環境に適応した生物が互いに関係をもちながら形成する，特徴的な生物の集団を
（¹　　　　　　　）という。陸上の（¹　　　　　　　）は，植生の（²　　　　）にもとづいて区別できる。

② バイオームの成立要因

気温や降水量などの気候によって遷移の進行は制限されるため，森林が（³　　　　　　）ではない地域も
みられる。

西アフリカで荒原や草原が維持されている地域では，
年（⁴　　　　　　　）が少ない。

北アメリカ北部で荒原（ツンドラ）が維持されている
地域では，年（⁵　　　　　　　）が低い。

③ バイオームの分布と気候の関係

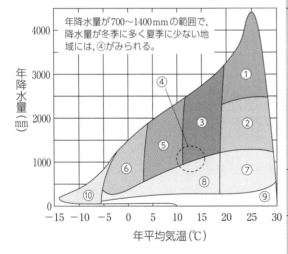

年降水量が700〜1400mmの範囲で，降水量が冬季に多く夏季に少ない地域には，④がみられる。

	バイオームの種類	優占種など
①	（⁷　　　　）・亜熱帯多雨林	常緑広葉樹，つる植物
②	（⁸　　　　）	落葉広葉樹
③	（⁹　　　　）	常緑広葉樹
④	硬葉樹林	常緑広葉樹
⑤	（¹⁰　　　　）	落葉広葉樹
⑥	（¹¹　　　　）	常緑針葉樹，落葉針葉樹
草原 ⑦	（¹²　　　　）	草本，アカシア
⑧	（¹³　　　　）	草本
荒原 ⑨	（¹⁴　　　　）	サボテン類
⑩	ツンドラ	地衣類，コケ植物

WORD TRAINING •••

❶それぞれの気候に応じた特徴的な生物の集団を何というか。　　❶ _____

❷陸上のバイオームは，植生の何にもとづいて区別できるか。　　❷ _____

❸森林のバイオームのうち，年平均気温が一番低いものは何か。　　❸ _____

❹年平均気温が−5℃以下の地域に分布するバイオームは何か。　　❹ _____

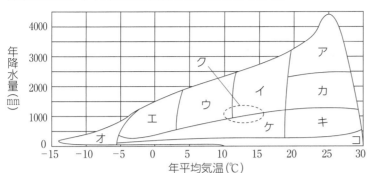

思考

85. バイオームの分布と気候の関係

下図は，世界のバイオームと，年降水量および年平均気温の関係を示したものである。

（グラフ：縦軸 年降水量(mm) 0〜4000，横軸 年平均気温(℃) −15〜30。領域ア〜コ）

(1) 次のA〜Cのような地域に当てはまるバイオームを図中のア〜コのなかからそれぞれ選べ。

　A．年平均気温25℃，年降水量4000mm。

　B．年平均気温25℃，年降水量1500mm，雨季と乾季がみられる。

　C．年平均気温25℃，年間通して雨はほとんど降らない。

(2) 図中のウ，エ，カ，ク，コに当てはまるバイオームを下の語群のなかからそれぞれ選べ。

　【語群】　砂漠　　ツンドラ　　硬葉樹林　　サバンナ

　　　　　針葉樹林　　雨緑樹林　　夏緑樹林　　照葉樹林

知識

86. バイオームと植物種

次のア〜ウの説明として最も適当な植物を，①〜③のなかからそれぞれ選べ。

ア．砂漠にみられる植物で，茎に水分を貯えて乾燥に適応している。

イ．地中海沿岸の硬葉樹林にみられる常緑広葉樹で，水分が蒸発しにくい硬い葉をもつ。

ウ．耐寒性の強い常緑針葉樹で，細い針状の葉をもつ。

①サボテン　　　　②オリーブ　　　　③トウヒ

✏ まとめてみよう

まとめ- **2**

右の語群の語を使って空欄を20字以内でうめ，世界で森林以外のバイオームが成立するしくみについてまとめてみよう。

【語群】
・気候
・遷移
・制限

気温や降水量などの

（20字マス）

ため，森林が極相ではない地域もみられる。

85　まとめ- **1 2 3**

(1)	A
	B
	C
(2)	ウ
	エ
	カ
	ク
	コ

全問正解したらチェック☑

86　まとめ- **3**

ア	
イ	
ウ	

全問正解したらチェック☑

31 日本のバイオームと気候

····· 学習の **まとめ** ··

❶ 日本のバイオーム

日本は年降水量が豊富で，主に(^{1}　　　　)の違いがバイオームの分布に影響する。
(^{2}　　　　)や(^{3}　　　　)の違いに伴って(^{1}　　　　)が変化するため，それによってバイオームの分布が決まる。

❷ 日本の水平分布　緯度の違いに伴うバイオームの分布を(^{4}　　　　)という。

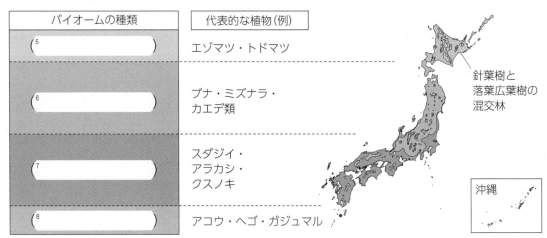

バイオームの種類	代表的な植物（例）
(^{5}　　　　)	エゾマツ・トドマツ
(^{6}　　　　)	ブナ・ミズナラ・カエデ類
(^{7}　　　　)	スダジイ・アラカシ・クスノキ
(^{8}　　　　)	アコウ・ヘゴ・ガジュマル

針葉樹と落葉広葉樹の混交林

沖縄

❸ 日本の垂直分布（本州中部）　標高の違いに伴うバイオームの分布を(^{9}　　　　)という。

分布帯	高度（本州中部）		植物（例）
(^{10}　　　　)帯		高山植生	ハイマツ・コマクサ
亜高山帯	2500 m(^{13}　　　　)	(^{14}　　　　)	シラビソ・トウヒ・コメツガ
(^{11}　　　　)帯	1500 m	(^{15}　　　　)	ブナ・ミズナラ・クリ・ヤマモミジ
(^{12}　　　　)帯	500 m	照葉樹林	シイ・カシ・クスノキ・ツバキ

❹ 環境と植物の適応

・(^{16}　　　　)：生活様式を反映した生物の特徴のこと。（例）冬季や乾季に落葉する落葉樹

WORD TRAINING ··

❶主に緯度によるバイオームの分布を何というか。　　　　❶＿＿＿＿＿＿＿＿＿

❷ブナ・ミズナラなどの落葉広葉樹が優占する日本のバイオームは何か。❷＿＿＿＿＿＿

❸主に標高によるバイオームの分布を何というか。　　　　❸＿＿＿＿＿＿＿＿＿

87. 日本の水平分布 下の表は，日本における水平分布をまとめたものである。空欄に適する語をそれぞれの語群から選び，記号で答えよ。

バイオーム	地域	特徴的な植物
1	北海道東部	A
2	北海道西南部〜本州東北部	B
3	本州西南部，四国，九州	C
4	九州南端〜沖縄	D

【バイオームの語群】

①照葉樹林　②亜熱帯多雨林　③針葉樹林　④夏緑樹林

【植物の語群】

①エゾマツ　②ガジュマル　③クスノキ　④ブナ

1	A
2	B
3	C
4	D

全問正解したらチェック☑

知識

88. 日本の垂直分布 下図は，横軸に緯度，縦軸に標高をとり，日本列島のバイオームの分布を模式的に示したものである。

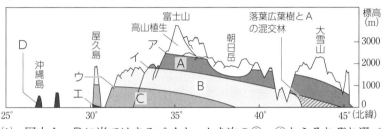

(1) 図中A〜Dに当てはまるバイオームを次の①〜④からそれぞれ選べ。

①針葉樹林　②照葉樹林　③亜熱帯多雨林　④夏緑樹林

(2) 森林限界を示す線を図中ア〜エのなかから選べ。

(1) A	
B	
C	
D	
(2)	

全問正解したらチェック☑

知識

89. 環境と植物の適応 植物が環境に適応している例として誤っているものはどれか。次の①〜③から1つ選べ。

①冬季に低温になり葉が凍結してしまう環境に生育する植物Aは，冬季に落葉する。

②乾季に空気が乾燥し葉がしおれてしまう環境に生育する植物Bは，1年中大きな葉で活発に代謝を行っている。

③潮が満ちると海水に浸されてしまう環境に生育する植物Cは，塩類を排出する特殊な腺を葉にもつ。

全問正解したらチェック☑

✏️ **まとめてみよう**

右の語群の語を使って空欄を20字以内でうめ，日本のバイオームが地域ごとに異なる理由についてまとめた文を完成させよう。

【語群】

・緯度や標高

・気温

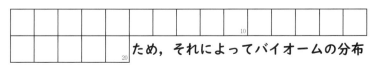

ため，それによってバイオームの分布が決まる。

32 生態系

····· 学習の **まとめ** ··

❶ 生態系

　生物にとっての環境は，光・温度・大気・土壌・水などの(^{1} 　　　　　　　　　)と，同種や異種の生物からなる(^{2} 　　　　　　　)に分けられる。これらを１つのまとまりとしてとらえたものは(^{3} 　　　　　　　)と呼ばれる。

❷ 生態系を構成する生物

・生産者：(^{4} 　　　　　　　)によって無機物から(^{5} 　　　　　　　)を合成する。藻類や植物など。

・消費者：生産者のつくる(^{5} 　　　　　　)を利用して生活する。動物や菌類，多くの細菌など。
　　　　　消費者のうち，遺骸や(^{6} 　　　　　　)を利用するものを特に(^{7} 　　　　　)と呼ぶことがある。

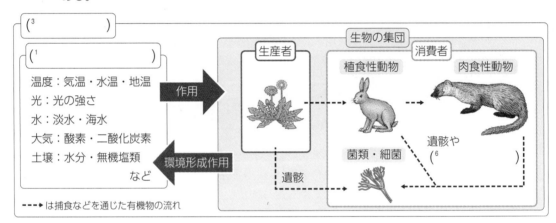

❸ 種の多様性と環境

　さまざまな生物によって生態系は成り立っている。たとえば土壌中でも，多様な種からなる生態系がみられる。生態系内の生物の種の多様さを(^{8} 　　　　　　　)という。また，環境が変わればその地域に特徴的な種の多様性となるので生態系もさまざまである。(^{8} 　　　　　　　)も含め，生物にみられる多様さは(^{9} 　　　　　　　)と呼ばれる。

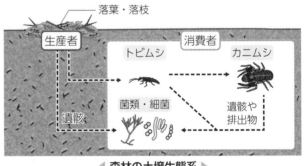

◀ 森林の土壌生態系 ▶

WORD TRAINING ···

❶ ある地域の生物集団とそれを取り巻く環境をまとめて何というか。　　❶ _____

❷ 外界から取り入れた有機物を利用して生活する生物を何というか。　　❷ _____

❸ ❷のうち，遺骸や排出物を利用するものを特に何というか。　　❸ _____

❹ 種の多様性を含めた，生物にみられる多様性を何というか。　　❹ _____

90. 生態系の成り立ち 次の文章は，生態系の成り立ちについて述べた
ものである。空欄に入る最も適当な語を下の語群から選び答えよ。

生物にとっての環境は，温度・光・水・大気・土壌などの（ 1 ）と，
（ 2 ）に分けられる。（ 1 ）が生物に影響を与えることを
（ 3 ）といい，生物が（ 1 ）に影響を与えることを（ 4 ）という。

生物の集団は，光合成によって無機物から有機物を合成する（ 5 ）
と，（ 5 ）がつくった有機物を直接または間接的に利用する（ 6 ）
から成り立っている。

【語群】　生物多様性　　非生物的環境　　光エネルギー　　生物的環境
　　　　　生産者　　環境形成作用　　消費者　　作用　　種の多様性

思考

91. 土壌の生態系の調査 近くの照葉樹林で，土壌の生態系を構成する
生物の調査を行い，その結果を下の表で示した。次の各問いに答えよ。

生物	数(匹)	生物	数(匹)
トビムシ	32	ヤスデ	4
カニムシ	14	ワラジムシ	2
クモ	6	アリ	1
ダンゴムシ	5	オオムカデ	1

このほかに，落葉の裏には菌類の菌糸もみられた。

(1) 次のア～エは，土壌に生息する小さな動物の採集方法を説明した文
である。ア～エを正しい調査の手順に並び替えよ。

ア．持ち帰った落葉と土壌をツルグレン装置に入れ，24時間かけて小
さな動物を採集する。

イ．調査地に方形枠を設置する。

ウ．採集した動物を顕微鏡などで観察し，何のなかまの動物か調べる。

エ．枠内の落葉と腐植を含む土をビニル袋に入れ，実験室に持ち帰る。

(2) この調査の考察として最も適当なものを，次の①～④から1つ選べ。

①この生態系には，全く分解者は存在しない。

②カニムシはトビムシを捕食するので，この生態系において，カニム
シは生産者であるといえる。

③土壌の生態系には，多くの種類の生物がみられる。

④最も数の多いトビムシが，この生態系の食物網の最上位である。

(3) 種の多様性を含め，生物にみられる多様さを何と呼ぶか。

---

90 まとめ-**1 2 3**

1	
2	
3	
4	
5	
6	

全問正解したらチェック☑

91 まとめ-**3**

(1)	→
→	→
(2)	
(3)	

全問正解したらチェック☑

まとめてみよう

まとめ-**1**

右の語群の語を使って空欄を20字以内でうめ，生物にとっての環境に
ついてまとめてみよう。

【語群】
・同種や異種
・生物的環境

生物にとっての環境は，光や温度などの非生物的環境と，

									10										

				20

に分けられる。

33 生物どうしの関係と種の多様性

・・・・・学習の **まとめ** ・・・・・・・・・・・・・・・・・・・・・・・・・・・・・・・・・・・・・・・

1 食物網

生態系内において，生物間にみられる連続的な捕食−被食の関係は，(^{1}　　　　　　　　)と呼ばれる。ただし，実際の生態系では複雑な網目状のつながりがみられ，これを(^{2}　　　　　　　)と呼ぶ。

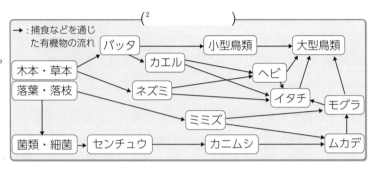

2 栄養段階と個体数の変化

生物を食物連鎖の段階によって生産者，生産者を食べる一次消費者，一次消費者を捕食する二次消費者などと分けるとき，それぞれの段階を(^{3}　　　　　　　)と呼ぶ。

3 生物間に見られる間接的な影響

2種の生物間にみられる捕食−被食のような関係が，その2種以外の生物に影響を及ぼすことがある。このとき，その影響は(^{4}　　　　　　　)と呼ばれる。

食害の減少　((^{4}　　　　　　))

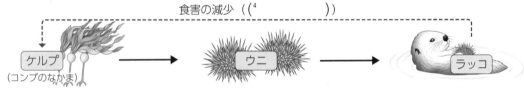

ラッコはウニの捕食を介して，ウニによるケルプの摂食量に影響を与え，ケルプの量を変化させていた。

4 生物どうしの関係と種の多様性

生態系で食物網の上位にあり，他の生物の生活に大きな影響を与える種を(^{5}　　　　　　　　　)といい，(^{5}　　　　　　　　)の減少や絶滅は，種の多様性を著しく低下させることがある。

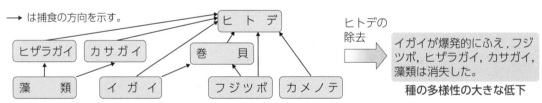

ヒトデの除去 → イガイが爆発的にふえ，フジツボ，ヒザラガイ，カサガイ，藻類は消失した。

種の多様性の大きな低下

WORD TRAINING ・・

❶生態系にみられる網目状の捕食−被食の関係を何というか。 　❶＿＿＿＿＿＿＿＿＿

❷生産者，一次消費者，二次消費者などの各段階を何というか。 　❷＿＿＿＿＿＿＿＿＿

❸2種の生物の関係が，他の種に影響を及ぼすことを何というか。 　❸＿＿＿＿＿＿＿＿＿

❹食物網の上位にある他の生物の生活に影響を与える種を何というか。 　❹＿＿＿＿＿＿＿＿＿

92. 食物網 次の文章は，生態系の成り立ちについて述べたものである。

　生態系を構成する生物の間には，ひとつながりの捕食−被食の関係がある。実際の生態系では，ある生物の食物となる生物は1種とは限らず，（　ア　）が複雑にからみ合った（　イ　）となることが多い。

(1) 空欄ア，イに入る最も適当な語を下の語群から選べ。

【語群】　捕食者　　被食者　　食物連鎖　　食物網

(2) 次の①〜⑤の生物を，草原における食物連鎖の順に並び替えよ。

　　①ススキ　　②カエル　　③バッタ　　④ヘビ　　⑤イタチ

93. 栄養段階と間接効果 下図はある海におけるラッコ，ウニ，ケルプの量の関係を模式的に示したものである。次の各問いに答えよ。

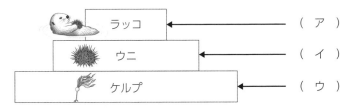

(1) 図の空欄に当てはまる語を下の語群から選べ。

【語群】　一次消費者　　二次消費者　　生産者

(2) 生物を図のように分けるとき，それぞれの段階を何というか。

(3) 何らかの原因でラッコが減少した場合，まず起こる出来事として最も適当なものを次の①〜⑤のなかから1つ選べ。

　　①ウニの量もケルプの量も変化しない。

　　②ウニの量もケルプの量も減少する。

　　③ウニの量が増加し，ケルプの量が減少する。

　　④ウニの量が減少し，ケルプの量が増加する。

　　⑤ウニの量もケルプの量も増加する。

(4) (3)にみられるように，2種の生物間でみられる捕食−被食のような関係が，その2種以外の生物に影響を及ぼす場合がある。この影響を何というか。下の語群から1つ選べ。

【語群】　キーストーン種　　間接効果　　食物連鎖　　環境形成作用

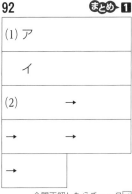

92　まとめ **1**

(1) ア	
イ	
(2)	→
→	→
→	

全問正解したらチェック☑

93　まとめ **2 3**

(1) ア	
イ	
ウ	
(2)	
(3)	
(4)	

全問正解したらチェック☑

ヒント (3) 生産者・一次消費者・二次消費者の数は捕食−被食の関係で保たれている。そのため，捕食者が減少することで，被食者は増加する。逆に捕食者が増加することで，被食者が減少する。

✎ まとめてみよう

まとめ **4**

右の語群の語を使って空欄を20字以内でうめ，キーストーン種と種の多様性の関係についてまとめてみよう。

食物網の上位にあって，他の生物の生活に大きな影響を

与える種をキーストーン種といい，キーストーン種の

させることがある。

【語群】

・減少や絶滅

・著しく

第2節　生態系とその保全

69

34 生態系のバランスと撹乱

····· 学習の **まとめ** ·······························

❶ 生態系のバランス

生物の個体数はある範囲内で増減を(^{1}　　　)的にくり返して，バランスが保たれている。右のグラフは(^{2}　　　　)と(^{3}　　　　　)の個体数の変動を示している。

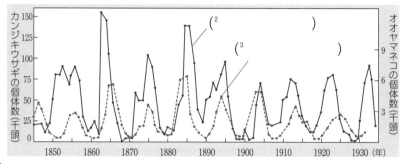

❷ 生態系のバランスと撹乱

洪水や火事，人間活動などによる(^{4}　　　　)によって，生態系が大きく変化することがある。小さい規模の(^{4}　　　)では生態系は元のような状態に戻る。これを生態系の(^{5}　　　　)という。

■汚濁物質が流入した時の河川生態系の変化

①汚濁物質中の有機物を細菌が盛んに分解するため，酸素を大量に消費し，水中の酸素量が減少する。また，(^{6}　　　　　　　)がみられなくなる。

▼

②有機物の分解によって水中の栄養塩類がふえると，これを利用して(^{7}　　　　　)が増加する。

▼

③(^{7}　　　　　)の光合成によって酸素量がふえる。

▼

④栄養塩類や汚濁物質が減少すると，(^{6}　　　　　　)が再びみられるようになる。

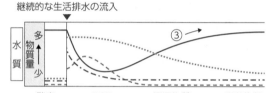

※生物学的酸素要求量（BOD）…水中の微生物が有機物を分解する際に消費する酸素量のこと。

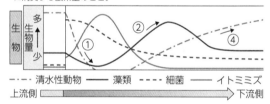

― ・ ― 清水性動物　―― 藻類　- - - 細菌　―― イトミミズ
上流側　　　　　　　　　　　　　　　　下流側

・(^{8}　　　　　　)：河川に流入した汚濁物質が，希釈や微生物の分解などによって減少する作用。

❸ 大規模な撹乱と生態系のバランス

海や河川に栄養塩類が過剰に供給される（富栄養化）と，植物プランクトンが異常に増殖する。
→水面が広く赤褐色になる(^{9}　　　　)や青緑色になる(^{10}　　　　)が発生する場合がある。
大規模な(^{4}　　　)を受けると，生態系のバランスが崩れ元のような状態に戻らないことがある。

WORD TRAINING ·························

❶小規模の撹乱を受けても生態系が元の状態に戻ることを何というか。　❶ 生態系の＿＿＿＿＿＿＿

❷分解や希釈などによって汚濁物質を減少させる作用を何というか。　❷＿＿＿＿＿＿＿

❸湖沼や海で栄養塩類の濃度が高くなる現象を何というか。　❸＿＿＿＿＿＿＿

❹栄養塩類の増加が原因で水面が広く赤褐色になる現象を何というか。　❹＿＿＿＿＿＿＿

●思考

94. 生態系のバランス
下図は，植食性のハダニと肉食性のカブリダニを同じ容器の中で8か月間飼育したときの2種の個体数の変動を示す。

(1) 図中の種ア，種イのうち，植食性のハダニはどちらか。記号で答えよ。

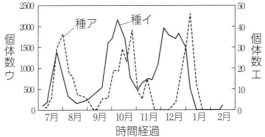

(2) 種アの個体数を示すのはグラフ縦軸の個体数ウ，個体数エのうちどちらか。記号で答えよ。

(3) (1)，(2)のように判断した根拠として適切なものをそれぞれ選べ。

①個体数の増減の時間的なずれ。　②横軸が示す季節の変化。

③一般的に，栄養段階の低いものの方が個体数は多いこと。

④一般的に，栄養段階の高いものの方が個体数は多いこと。

94	まとめ 1
(1)	
(2)	
(3) (1)	
(2)	

全問正解したらチェック☑

📖知識

95. 撹乱と生態系のバランス
下の文章は，汚濁物質が流入した河川の浄化作用について述べたものである。次の各問いに答えよ。

河川などに汚濁物質が流れ込んでも，分解や希釈などによって，その量は減少する。このような作用は（　A　）と呼ばれる。（　A　）にみられるように，撹乱の程度が小さければ，生態系の（　B　）によって，生態系は元の状態に戻る。一方，<u>（　B　）を超える撹乱が起こると，生態系のバランスが崩れて，元のような状態に戻らないことがある。</u>

(1) 空欄に当てはまる適語を下の語群のなかからそれぞれ選べ。

【語群】　環境形成作用　　自然浄化　　復元力　　赤潮

(2) 下線部の例として適当なものを，次の①〜④のなかから1つ選べ。

①数十年前，森林の樹木の1本が寿命で倒れギャップが生じたが，その場所に同じ種の樹木が生育し，ギャップを埋めた。

②大規模な開発が行われた森林では，それから数十年，樹木が全く生育しなかった。

③ある湖沼に汚濁物質が流入したが，赤潮は生じず，生物多様性は流入する前と比べても変化がみられなかった。

④カンジキウサギがある年急激に増加したが，これに伴い捕食者であるオオヤマネコも増加したため，カンジキウサギは減少しはじめた。

95	まとめ 2 3
(1) A	
B	
(2)	

全問正解したらチェック☑

✏️ **まとめてみよう**　　　　　　　　　　　　　まとめ 3

右の語群の語を使って空欄を25字以内でうめ，生態系の破壊と回復の関係についてまとめてみよう。

【語群】
・崩れ
・元のような状態

大規模な撹乱を受けると，

									10

ことがある。

35 人間活動と生態系の保全

······ 学習の まとめ ··

❶ 人間活動による生物の持ち込み

・(¹　　　　　　　　　)：絶滅の危険性が高いと認められた種。

・(²　　　　　　　　　)：本来生息する場所ではないところに持ち込まれ繁殖し分布している生物。移入先で，在来種を捕食したり，生活場所を奪ったりすることがある。生態系や人間の生活に深刻な影響をあたえるおそれのある(²　　　　　　　)を特に(³　　　　　　　　　)と呼ぶ。

❷ 生息地の破壊・生息地の分断化

	開発による生息地の消失	(⁴　　　　　　)の管理放棄	生息地の分断化
人間活動の例	蛇行がある河川を，直線的で均一な深さに改修する。	農地や雑木林などを含む(⁴　　　　　)へ，人間からの働きかけが減少している。	河川に生物の行き来を妨げるダムを建設する。
生態系への影響	蛇行で生じる環境を生息地とする生物がみられなくなる。	成立していた生態系の維持が難しくなる。	産卵時に川を遡上する魚(サケなど)が河川にみられなくなる。
保全の例	河川の蛇行を復元する。 	定期的な草刈りなどを行い，林床を明るくすることで，陽樹や草本を維持できる。 	魚道(魚類や水生生物が，ダムを超えて移動できるように設けられた構造物)を設置する。

(⁵　　　　　　　　　　)：大きなダムや道路などの建設の際，開発が環境にどの程度影響を与える可能性があるかを調査，予測，評価すること。

❸ 生態系の保全とその意義

・(⁶　　　　　　　　)：生態系から受ける私たちの生活に対するさまざまな恩恵のこと。

　生物どうしは複雑に関係しあって生活しているので，人間活動によって引き起こされる生物の減少や絶滅は，(⁶　　　　　　　)の損失につながる。

・(⁷　　　　　　　　)：国連で2015年に採択された，持続可能な世界を実現するための目標。

❹ 地球温暖化とその影響

(⁸　　　　　　　)：温室効果ガスによって，地球規模で平均気温が上昇すること。

(影響の例) サンゴの(⁹　　　　)が生じやすくなり，サンゴの死滅を引き起こす。

❺ 生物濃縮

(¹⁰　　　　　　)：体内で分解されにくい物質や体外に排出されにくい物質(DDT など)が，高次の消費者の体内に高い濃度で蓄積されること。

WORD TRAINING ·······································

❶外部から持ち込まれ，繁殖している生物を何というか。　　❶＿＿＿＿＿＿＿

❷生態系から受けるいろいろな恩恵のことを何というか。　　❷＿＿＿＿＿＿＿

96. 人間活動による生態系への影響 下の表は人間活動による生態系への影響に関する語句を示している。次の各問いに答えよ。

A群	B群	C群
Ⅰ. 生物濃縮	ⓐ人為的な生物の移動	ア サケなどの減少
Ⅱ. 生息地の分断化	ⓑ温室効果ガス	イ 高次の消費者への影響
Ⅲ. 地球温暖化	ⓒ河川でのダムの建設	ウ 在来種の減少
Ⅳ. 外来生物	ⓓDDT	エ サンゴの白化

(1) 表のA群に関係する語句を，B，C群からそれぞれ選べ。

(2) 表のA群の対策として適当なものを，次の①～④のなかから選べ。
   ①化石燃料から再生可能エネルギーへの転換
   ②魚道を設けるなど，その場所に生息している生物に配慮した開発
   ③外来生物法にもとづいた規制
   ④生物に影響を与える物質の製造や輸入，使用の規制

(3) 日本における外来生物として正しいものをすべて選べ。
   ①ウシガエル　②ライチョウ　③オオクチバス　④マリモ
   ⑤アレチウリ　⑥アライグマ　⑦オオサンショウウオ

97. 生態系の保全とその意義 下の文章を読んで次の各問いに答えよ。

A食物の供給・物資の供給・酸素の供給など，私たちの生活は，さまざまな恩恵を生態系から受け取ることで成立している。生態系からの恩恵を受け取り続けるには，たとえば，国土の開発をする際に生物と生態系への影響を最小限に抑えることなどが考えられる。そこで，B工事を行う前に，生息する生物の特徴を調べ，工事や構築物による影響を予測し，対策を立てることが重要となってくる。

(1) 文中の下線部A，Bに関連する語を，下の語群からそれぞれ選べ。

(2) 生態系の保全も含め，国連で2015年に採択された持続可能な世界を実現するための目標を何というか，下の語群から選べ。

【語群】 環境アセスメント　生態系サービス　地球温暖化
　　　　 生物濃縮　　SDGs　　絶滅

96

(1)A	B	C
Ⅰ		
Ⅱ		
Ⅲ		
Ⅳ		
(2) Ⅰ		
Ⅱ		
Ⅲ		
Ⅳ		
(3)		

全問正解したらチェック☑

97 まとめ❷❸

(1) A	
B	
(2)	

全問正解したらチェック☑

✏️ **まとめてみよう** まとめ❸

右の語群の語を使って空欄を20字以内でうめ，人間活動がもたらす生態系への影響と生態系サービスの関係についてまとめてみよう。

【語群】
・減少や絶滅
・損失

生物どうしは複雑に関係しあって生活しているので，人

間活動によって引き起こされる生物の

									10					

につながる。 20

36

第4章　章末問題(1)

思考

98. 光の強さと光合成　下図は，植物Aと植物Bにおける光の強さと光合成速度の関係を示したものである。ただし，ここでは光の強さによって呼吸速度は変化しないものとする。次の各問いに答えよ。

(1)　植物Aの呼吸速度を示すのは図中①～③のうちどれか。

(2)　光の強さがfのときの植物Bの光合成速度はいくらか。二酸化炭素の吸収速度(相対値)で答えよ。

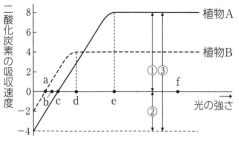

(3)　aやcの光の強さを何というか。

(4)　dやeの光の強さを何というか。

(5)　2つの植物にbの強さの光を当て続けて育てると，植物A，植物Bはそれぞれどのようになるか。次の①～③のなかから選べ。
①植物Aも植物Bも成長する。
②植物Aは成長するが，植物Bは成長せずに枯れる。
③植物Aは成長せずに枯れるが，植物Bは成長する。

98	
(1)	
(2)	
(3)	
(4)	
(5)	

全問正解したらチェック☑

ヒント　(5)　植物は(3)以下の光の強さでは生育できない。bの光の強さが，それぞれの植物にとって生育可能かどうかを考える。

思考

99. 植生の遷移　下図は，本州中南部あたりでみられる裸地からはじまる一次遷移のモデルを示したものである。

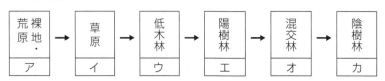

(1)　遷移の初期に進入する生物種を何というか。

(2)　ア～カでみられる植物の例として最も適当なものをそれぞれ選べ。
①アカマツ　　　　　②ススキ・イタドリ
③地衣類・コケ植物　④アカマツ・スダジイ・アラカシ
⑤ヤシャブシ・ウツギ　⑥スダジイ・アラカシ

(3)　遷移が進み，大きな変化がみられなくなった状態を何というか。

(4)　遷移が進むのはどのような要因によるか，「環境形成作用」「土壌」「光」の語句を使い30字以内で答えよ。

														10					
								20											30

(5)　陰樹林などでみられる，林冠を構成していた高木が倒れたり枯れたりすることで生じる空間は何と呼ばれるか。

(6)　ア「山火事の焼け跡からはじまる遷移」とイ「一次遷移」を比べると，どちらがより短い時間で遷移が進むか。記号で答えよ。

99	
(1)	
(2)ア	イ
ウ	エ
オ	カ
(3)	
(5)	
(6)	

全問正解したらチェック☑

ヒント　(4)　環境を変化させる生物の働きかけを，環境形成作用と呼ぶ。

思考
100. 世界のバイオーム 下図は，地球上のさまざまなバイオームの分布を示したものである。次の各問いに答えよ。

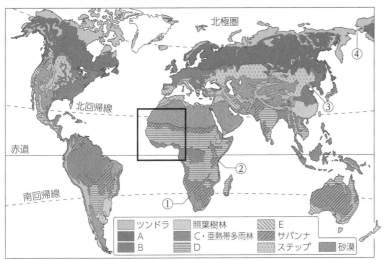

凡例：ツンドラ／A／B／照葉樹林／C・亜熱帯多雨林／D／E／サバンナ／ステップ／砂漠

(1) 次のア～オは，図中のA～Eのバイオームについて説明したもので，いずれも森林のバイオームである。これらの名称を答えよ。

ア．Aは，常緑針葉樹や落葉針葉樹が優占種となる。存在する植物の種数は少ない。

イ．Bは，ブナやミズナラなどの冬に葉を落とす落葉広葉樹が優占種となっている。

ウ．Cは，常緑広葉樹が優占し，植物の種類数が最多である。

エ．Dは，雨季と乾季がくり返される地域に分布し，乾季には落葉するチークなどの落葉広葉樹がみられる。

オ．Eは，夏は暑くて乾燥し，冬は比較的温暖で降水量が多い地域に分布する。乾燥に強いオリーブなどの常緑広葉樹が優占する。

(2) 図中太枠で囲んだ地域の年平均気温と年降水量を下に示した。この地域で荒原や草原のバイオームが維持されているのは，年平均気温と年降水量のどちらが要因となっていると考えられるか。

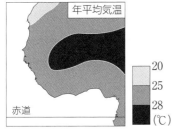

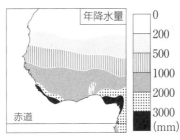

(3) 次のa，bは，それぞれ図中①～④のどこで撮影されたものであると考えられるか。

a

b

100	
(1) ア	
イ	
ウ	
エ	
オ	
(2)	
(3) a	
b	

全問正解したらチェック☑

ヒント (2) 左図と右図で，この地域のバイオームの分布とよく対応している方が，この地域の荒原や草原で遷移が進行しない要因であると考えられる。
(3) aは草本が優占する。bも草本が優占するが，写真のように，アカシアのなかまなどの木本が点在してみられる。

37 第4章 章末問題(2)

📖知識

101. 生態系 下図は，生物の集団と環境の関係を模式的に示したものである。次の各問いに答えよ。

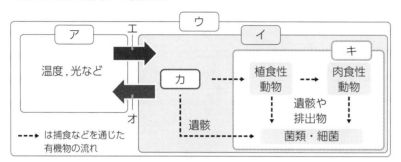

----→ は捕食などを通じた有機物の流れ

(1) 図中ア〜ウに当てはまる語を下の語群から選べ。
　【語群】 生態系　　非生物的環境　　生物の集団
(2) 図中矢印エはアがイに，オはイがアに及ぼす影響を示す。それぞれ何というか。
(3) 有機物を得る方法の違いから，カ，キはそれぞれ何と呼ばれるか。

💭思考

102. 生物間にみられる間接的な影響 アリューシャン列島の海域には，ケルプと呼ばれるコンブのなかまが生育している。同じ場所に生息するウニはケルプを摂食している。さらに，ラッコはウニを捕食する。これを踏まえ，次の各問いに答えよ。
(1) ラッコとウニの間でみられるような，一連の関係を何というか。
(2) この海域でラッコが減少したことがある。下のグラフはその海域内のラッコ，ウニ，ケルプの量の変化を示している。グラフのような変化がみられたのはなぜか。「ウニを捕食するラッコが減少したことで，」から続けて，「摂食された」という語句を用いて30字以内で書け。

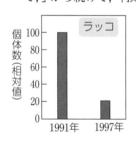 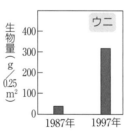 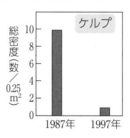

ウニを捕食するラッコが減少したことで，

							10		
			20						30

(3) この生態系においてラッコは食物網の上位の種であり，この種の減少や絶滅によって，種の多様性が著しく低下する可能性がある。このような種を何と呼ぶか。

101

(1) ア	
イ	
ウ	
(2) エ	
オ	
(3) カ	
キ	

全問正解したらチェック☑

ヒント (3) カは光エネルギーを利用して有機物を合成するのに対して，キは外界にある有機物を利用して生活している。

102

(1)	
(3)	

全問正解したらチェック☑

ヒント (2) ラッコとウニは，捕食−被食関係があるので，ラッコが減少することでウニが捕食される量が減少する。

103. **生態系のバランスと撹乱**　下図は，河川に生活排水が継続して流入している地点から下流までの水質変化を示している。また，下のA～Dの文は図中A～Dにおける変化を説明している。次の各問いに答えよ。

📖知識

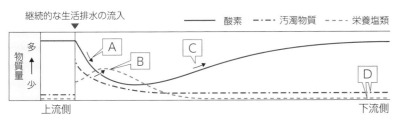

A．細菌が汚濁物質を分解するために盛んに酸素を消費するので，水中の（　ア　）が低下した。

B．細菌によって汚濁物質が分解された結果，（　イ　）が増加した。

C．（　イ　）を利用する藻類が増加し，光合成によって（　ア　）が上昇した。

D．これら一連の生態系の働きにより，水質は生活排水流入前とほぼ同じ状態に戻った。このような作用を（　ウ　）という。

(1)　空欄ア～ウに適する語句を次の①～⑤のなかから選べ。

①自然浄化　　②細菌類　　③藻類　　④栄養塩類　　⑤酸素濃度

(2)　生態系は撹乱を受けても，その程度が小さければ，やがて元のような状態に戻ることができる。これを生態系の何というか。

📖知識

104. **生態系の保全とその意義**　次の文を読んで問いに答えよ。

A生態系から受けるさまざまな恩恵によって私たちの生活は成り立っている。その生態系は，B種の多様性も含めた，生物多様性がみられる。しかし，C人間活動によって，生物多様性が損なわれ，生態系に大きく影響を与える事態を引き起こしている。

(1)　下線部Aのことを何というか。

(2)　下線部Aを受け続けるために私たちができることとして，適当なものを次のア～エのなかからすべて選べ。

　ア．日本の生態系の種の多様性を大きくするために，国外からさまざまな生物を導入する。

　イ．生物の生態を調査することで，生物の生息環境の改善につなげる。

　ウ．里山の遷移の進行が妨げられないようにするため，里山に人間が手を加えることを禁止する。

　エ．開発を行う際，生態系への影響を調査，予測，評価し，これを踏まえ，環境へ与える影響ができる限り小さくなるよう努める。

(3)　下線部Bに関連して，種の多様性を含め，生物にみられる多様さを何と呼ぶか。

(4)　下線部Cに関連して，次のⅠ～Ⅲの事例に関連の深い語句を，①～⑥のなかからそれぞれ2つずつ選べ。

　Ⅰ．外来生物　　Ⅱ．生息地の分断化　　Ⅲ．里山

①雑木林　　②アライグマ　　③ダム　　④在来種の減少

⑤水田　　　⑥道路の建設

103

(1)	ア
	イ
	ウ
(2)	生態系の

全問正解したらチェック☑

🔍**ヒント**　(1)　生活排水は，有機物を多く含んでおり，これらは汚濁物質として河川の生態系を撹乱する。この汚濁物質は細菌によって分解され，栄養塩類を生じる。

104

(1)	
(2)	
(3)	
(4)	Ⅰ
	Ⅱ
	Ⅲ

全問正解したらチェック☑

🔍**ヒント**　ある生物種が減少したり絶滅したりすると，(1)の質が変化したり，失われたりする。

77

セルフチェックの進め方	**1** 各テーマの問題にある「全問正解したらチェック」でチェックを入れた個数を記録しよう。 **2** セルフチェックの内容が理解できているか確認し，チェックを入れよう。 **3** 各章の学習内容で理解できたこと，学習して感じたこと，疑問に思ったことなどを，NOTE欄に自由に記述しよう。

第1章 生物の共通性			第2章 遺伝子とその働き		
テーマ	全問正解した問題数	セルフチェック	テーマ	全問正解した問題数	セルフチェック
1 (p.4〜p.5)	/3	☑顕微鏡の使い方を説明できる。 ☑ミクロメーターの使い方を説明できる。	**7** (p.16〜p.17)	/3	☑染色体と DNA，遺伝子の関係を説明できる。
2 (p.6〜p.7)	/3	☑すべての生物にみられる共通性を3つ挙げられる。 ☑生物の共通性の由来について説明できる。	**8** (p.18〜p.19)	/2	☑DNA の構造の特徴について説明できる。 ☑DNA の何が遺伝情報となっているか説明できる。
3 (p.8〜p.9)	/3	☑原核細胞と真核細胞の構造の違いを説明できる。 ☑細胞小器官の特徴や働きを説明できる。	**9** (p.20〜p.21)	/3	☑遺伝子の本体が DNA であることや DNA の構造が解明された研究について説明できる。
4 (p.10〜p.11)	/3	☑生体内における ATP の役割を説明できる。 ☑酵素の特徴とその働きを説明できる。	**10** (p.22〜p.23)	/2	☑DNA の複製のしくみを説明できる。 ☑細胞周期の過程を説明できる。
5 (p.12〜p.13)	/3	☑光合成や呼吸において，ATPがどのように関係しているか説明できる。	**11** (p.24〜p.25)	/3	☑タンパク質の特徴を説明できる。 ☑転写と翻訳の過程をそれぞれ説明できる。
6 (p.14〜p.15)	/4	☑生物に共通してみられる特徴について理解した。 ☑代謝における ATP や酵素の働きについて理解した。	**12** (p.26〜p.27)	/2	☑ゲノムとは何か説明できる。 ☑細胞によって形や働きが異なる理由を説明できる。
			13 (p.28〜p.29)	/4	☑DNA の構造と，複製・分配の流れについて理解した。 ☑遺伝子の発現の流れやそのしくみについて理解した。

NOTE	NOTE

第 3 章　ヒトのからだの調節			第 4 章　生物の多様性と生態系		
テーマ	全問正解した問題数	セルフチェック	テーマ	全問正解した問題数	セルフチェック
14 (p.30〜p.31)	/2	☑恒常性（ホメオスタシス）とは何か説明できる。	**26** (p.54〜p.55)	/3	☑植生の種類とその特徴をそれぞれ説明できる。
15 (p.32〜p.33)	/2	☑神経系を分類できる。 ☑自律神経系の働きについて説明できる。	**27** (p.56〜p.57)	/3	☑陽生植物と陰生植物の特徴をそれぞれ説明できる。 ☑生物と環境は，互いに働きかけあっていることを理解した。
16 (p.34〜p.35)	/2	☑内分泌系による調節の特徴やホルモンの働きを説明できる。 ☑フィードバック調節とは何か説明できる。	**28** (p.58〜p.59)	/3	☑遷移の過程を土壌や光の環境の変化をふまえて説明できる。
17 (p.36〜p.37)	/2	☑血糖濃度の調節のしくみを説明できる。 ☑糖尿病が起こるしくみを説明できる。	**29** (p.60〜p.61)	/3	☑一次遷移と二次遷移の違いを説明できる。 ☑ギャップによって起こる森林の再生のしくみを説明できる。
18 (p.38〜p.39)	/3	☑体温調節の流れを説明できる。 ☑腎臓による体内の水分調節の流れを説明できる。	**30** (p.62〜p.63)	/2	☑砂漠やツンドラが，森林まで遷移せず維持されている理由を説明できる。
19 (p.40〜p.41)	/3	☑血液凝固の流れを説明できる。	**31** (p.64〜p.65)	/3	☑日本において，水平方向と垂直方向にバイオームが変化する理由を説明できる。
20 (p.42〜p.43)	/3	☑物理的・化学的な防御の例をそれぞれ１つずつ挙げられる。 ☑白血球の種類とそれぞれの働きを説明できる。	**32** (p.66〜p.67)	/2	☑生態系の大まかな構造を説明できる。 ☑生物多様性とは何か説明できる。
21 (p.44〜p.45)	/3	☑自然免疫と獲得免疫の反応の過程を説明できる。	**33** (p.68〜p.69)	/2	☑二次消費者の減少が生産者に与える影響を，捕食－被食の関係から説明できる。
22 (p.46〜p.47)	/2	☑自然免疫と獲得免疫の特徴をそれぞれ説明できる。	**34** (p.70〜p.71)	/2	☑生態系は，一定範囲内でバランスが保たれており，撹乱の程度が小さければ，元の状態にもどれることを理解した。
23 (p.48〜p.49)	/4	☑アレルギー，自己免疫疾患，免疫不全症とは何かそれぞれ説明できる。 ☑予防接種について説明できる。	**35** (p.72〜p.73)	/2	☑生態系に影響を及ぼす人間活動とその影響を説明できる。 ☑生態系の保全の意義を説明できる。
24 (p.50〜p.51)	/4	☑自律神経系や内分泌系による体内調節のしくみを理解した。	**36** (p.74〜p.75)	/3	☑遷移の過程を，進行させる要因もふまえて理解した。 ☑各地に異なるバイオームがみられる理由を理解した。
25 (p.52〜p.53)	/4	☑免疫反応の過程やそのしくみを理解した。	**37** (p.76〜p.77)	/4	☑生態系のバランスと撹乱について理解した。 ☑人間活動と生態系との関わりについて理解した。

NOTE

NOTE

資料学習にチャレンジ！

思考

Q mRNA のコドンとタンパク質を構成するアミノ酸との対応関係を示した遺伝暗号表（→ p.24〜25）を利用して，次の mRNA で指定されているアミノ酸配列を読み取ってみよう。

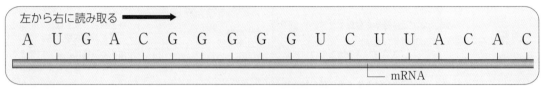

左から右に読み取る ➡

A U G A C G G G G G U C U U A C A C

└── mRNA

◀ **遺伝暗号表** ▶

1番目の塩基	2番目の塩基				3番目の塩基
	U	C	A	G	
U	UUU ⎫フェニル UUC ⎭アラニン UUA ⎫ UUG ⎭ロイシン	UCU ⎫ UCC ⎪ UCA ⎬セリン UCG ⎭	UAU ⎫チロシン UAC ⎭ UAA ⎫ UAG ⎭（終止）**	UGU ⎫システイン UGC ⎭ UGA （終止）** UGG トリプトファン	U C A G
C	CUU ⎫ CUC ⎪ CUA ⎬ロイシン CUG ⎭	CCU ⎫ CCC ⎪ CCA ⎬プロリン CCG ⎭	CAU ⎫ヒスチジン CAC ⎭ CAA ⎫グルタミン CAG ⎭	CGU ⎫ CGC ⎪ CGA ⎬アルギニン CGG ⎭	U C A G
A	AUU ⎫ AUC ⎬イソロイシン AUA ⎭ AUG メチオニン* （開始）	ACU ⎫ ACC ⎪ ACA ⎬トレオニン ACG ⎭	AAU ⎫アスパラギン AAC ⎭ AAA ⎫リシン AAG ⎭	AGU ⎫セリン AGC ⎭ AGA ⎫アルギニン AGG ⎭	U C A G
G	GUU ⎫ GUC ⎪ GUA ⎬バリン GUG ⎭	GCU ⎫ GCC ⎪ GCA ⎬アラニン GCG ⎭	GAU ⎫アスパラ GAC ⎭ギン酸 GAA ⎫グルタ GAG ⎭ミン酸	GGU ⎫ GGC ⎪ GGA ⎬グリシン GGG ⎭	U C A G

＊メチオニンを指定するとともに，タンパク質の合成開始を指示するコドンである。

＊＊指定するアミノ酸がなく，翻訳を終わらせるコドンである。

表の読み方

遺伝暗号表では，コドンの１番目の塩基を左欄から，２番目を上欄から，３番目を右欄から選んで組み合わせると，対応するアミノ酸がわかる。

A 下の空欄を埋めてみよう。

mRNA のコドンは順に，

AUG，(¹　　　　　)，(²　　　　　)，(³　　　　　)，(⁴　　　　　)，(⁵　　　　　)

である。

遺伝暗号表から，これらのコドンに対応するアミノ酸配列はそれぞれ，

メチオニン，(⁶　　　　　)，(⁷　　　　　)，(⁸　　　　　)，

(⁹　　　　　)，(¹⁰　　　　　)であることがわかる。

（解答）1 ACG 2 GGG 3 GUC 4 UUA 5 CAC 6 トレオニン 7 グリシン 8 バリン 9 ロイシン 10 ヒスチジン

新課程版 ネオパルノート生物基礎

2022年1月10日	初版	第1刷発行
2025年1月10日	初版	第4刷発行

編 者　第一学習社編集部

発行者　松本　洋介

発行所　株式会社　第一学習社

広島：広島市西区横川新町7番14号	〒733-8521	☎ 082-234-6800
東京：東京都文京区本駒込5丁目16番7号	〒113-0021	☎ 03-5834-2530
大阪：吹田市広芝町8番24号	〒564-0052	☎ 06-6380-1391

札　幌 ☎ 011-811-1848	仙台 ☎ 022-271-5313	新　潟 ☎ 025-290-6077
つくば ☎ 029-853-1080	横浜 ☎ 045-953-6191	名古屋 ☎ 052-769-1339
神　戸 ☎ 078-937-0255	広島 ☎ 082-222-8565	福　岡 ☎ 092-771-1651

 訂正情報配信サイト 47271-04
利用に際しては，一般に，通信料が発生します。

https://dg-w.jp/f/fab3c

47271-04

■落丁，乱丁本はおとりかえいたします。

ホームページ
https://www.daiichi-g.co.jp/

ISBN978-4-8040-4727-0

日本の特定外来生物

沖縄県など
に分布

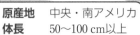
原産地　北アメリカ
体長　　6 cm（雄個体）

分布　小笠原諸島・沖縄島
ペットとして持ち込まれた個体が野生化した。

影響
● 在来の昆虫を捕食する　など

グリーンアノール（ハ虫類）

原産地　中央・南アメリカ
体長　　50〜100 cm以上

分布　本州（関東・東海・近畿）
観賞用として導入された個体が野生化した。

影響
● 無性生殖によって短期間のうちに盛んにふえ，在来の植物の生息地を奪う
● 水路の水流を阻害する　など

ミズヒマワリ（種子植物）

原産地　南アメリカ
体長　　65 cm

分布　近畿（紀伊半島を除く）・中国・四国の河川や湖などに特に多い
第二次世界大戦時中，毛皮用（特に軍用）に飼育されていた個体が野生化。

影響
● 在来の水生植物を大量に摂食する
● 農作物に損傷を与える　など

ヌートリア（哺乳類）

本州，四国，九州
を中心に分布

原産地　東アジア・東南アジア
体長　　15 cm

分布　九州・四国・本州の森林
ペットとして持ち込まれた個体が野生化。

影響
● 在来の昆虫や動物などを捕食する　など

ソウシチョウ（鳥類）

2004年に制定された外来生物法では，特に在来種に与える影響が大きい外来生物を特定外来生物に指定し，その飼育や栽培，保管，運搬を原則として禁止している。

原産地　オーストラリアと考えられる
体長　0.7〜1 cm（成熟した雌個体）

分布　日本各地
建築資材などに紛れ込んで侵入したと考えられる。

影響
● 刺されると激しく痛む。

セアカコケグモ（クモ類）

原産地　北アメリカ
体長　11〜18 cm

分布　日本各地の池，沼，湖など
食用として世界各地に導入され，定着している。

影響
● 在来の昆虫や動物などの捕食
● 同じ食物を捕る別種のカエルの減少　など

ウシガエル（両生類）

原産地　北アメリカ
体長　25 cm

分布　日本各地の河川や湖沼など
釣り魚や観賞魚として利用されていた。

影響
● 在来の魚類や昆虫などを捕食する
● 別種を目的とする漁業において，本種が大量に混入する　など

ブルーギル（魚類）

原産地　北アメリカ
体長　30〜70 cm

分布　日本各地
観賞用や緑化の材料として導入された個体が野生化した。

影響
● 河川敷などで盛んに繁殖し，在来の植物の生育地を奪うおそれがある

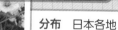

オオキンケイギク（種子植物）

日本各地
に分布

写真：環境省，NF